스스로 해내는 아이의 비밀

스스로 해내는 아이의 비밀

스탠퍼드대 박사 엄마의
뇌과학 컨설팅

김보경 지음

J
포럼

좀처럼 빨래를 치우지 않던 나를 사랑해준 엄마와

현재의 빨래를 치워주는 남편을 위해

2장

뇌에게 습관을 가르쳐라

3장

3장 행복한 뇌를 만드는 세 가지 습관

우리 아이 타고난 뇌를
바꾸는 마법

지난 2월, 일주일의 짧은 방학을 맞은 아이들과 북 캘리포니아에서 남 캘리포니아로 여행을 떠났습니다. 로스앤젤레스의 캘리포니아 과학 센터(California Science Center)에 들러 생명의 신비에 대한 전시를 구경했지요. 관람객들에게 사람들이 갖고 있는 어떤 특징이 유전으로 정해지는지, 환경으로 만들어지는지를 묻는 퀴즈가 있더라고요. 그중에는 제가 부모님들에게 자주 듣는 질문들도 포함되어 있었습니다.

"지능은 부모에게서 물려받은 것일까, 아니면 선생님들처럼 우리 주변 환경의 영향을 받는 것일까?"

"과학에 대한 관심은 유전자에 의한 것일까, 아니면 교실 수업이나 놀이 같은 환경 요인에 의한 것일까?"

여러분은 어떻게 생각하세요? 우리 아이는 음악 재능을 타고 났을까요, 미술 재능을 타고났을까요? 우리 아이 머리는 문과 형일까요, 이과형일까요? 이러한 질문들은 크게 하나로 요약해 볼 수 있습니다.

뇌는 타고나는 것일까요, 아니면 후천적으로 만들어지는 것 일까요?

많은 사람이 뇌는 유전적으로 정해진다고 생각합니다. 어떤 것들은 그렇습니다. 왼손의 움직임은 우뇌에서 조절하고, 오른 손의 움직임은 좌뇌에서 조절하게 되는데, 이런 것들은 타고 난 부분이며 내 마음대로 바꿀 수 없습니다. 하지만 아주 많은 것들은 환경의 영향을 받습니다. 예를 들어, 아이가 태어난 이 후로 어떤 언어를 들으며 자랐는가에 따라 모국어가 결정되고, 서로 다른 언어는 서로 다른 뇌를 만들어냅니다. 뇌는 유전과 환경의 조합으로 발달합니다. 이전에는 뇌는 태어날 때 정해진 다는 의견이 우세했습니다. 재능은 정해져 있으며, 인종에 따라 서도 지능이 다르고, 심지어 두상이 크면 더 똑똑하다고 믿던 시절도 있었죠. 하지만 과학이 발달하면 발달할수록 뇌는 끊임 없이 변화한다는 것을 밝혀내고 있습니다. 어린 시절뿐만 아니 라 성인이 되어서까지도 뇌는 새로운 것을 학습하고, 학습에 따라 뉴런들 사이의 길을 이리저리 바꾸어갑니다. 그러면 이제 다음 질문이 기다립니다.

"어떻게 하면 뇌를 바꿀 수 있을까요?"

이 책은 뇌를 바꾸는 마법에 대한 이야기입니다. 우리는 뇌를 바꿀 수 있지만, 하루아침에 바뀌는 것은 아닙니다. 사고로 뇌 손상을 입기 전에는 거의 불가능합니다. 뇌는 조금씩, 서서히 바뀝니다. 엄마 뱃속에서 나온 갓난아기가 매일매일 엄마, 아빠의 말을 듣고 또 들으면서, 또 입술을 오물오물 움직이면서 언어를 이해하고 생성하는 뇌 영역이 발달하고요. 그 발달이 1년 남짓의 시간이 쌓인 뒤에야 '엄마!' 하고 말을 내뱉기 시작합니다.

뇌가 변하는 것은 마치 새로운 물길이 나는 것과 같습니다. 위에서 아래로, 튀어나온 부분은 살짝 돌아서 물이 흐르다 보면 수많은 시간이 흐른 뒤에는 굽이쳐 흐르는 강이 됩니다. 처음에는 물이 천천히 흘렀지만, 물길이 자리 잡고 나면 물은 막힘없이 흐릅니다. 이것이 뇌가 바뀌는 방법입니다. 10년 뒤에, 어쩌면 단 1년 뒤에라도 우리는 더 나은 사람이 될 수도, 더 별로인 사람이 될 수도 있습니다. 더 건강해질 수도, 더 약해질 수도 있습니다. 모두 우리가 그 시간 동안 어떤 행동을 반복해서 할 것인가에 달려 있습니다.

우리가 같은 행동을 반복하면 우리의 뇌는 그 행동을 조금씩 잘하게 됩니다. 처음에는 조금 삐걱거리지만, 갈수록 능숙해지고, 많은 시간이 쌓이면 '눈 감고도 하는 경지'에 도달합니다. 우리는 이러한 방식으로 말을 배웠고, 걷기를 배웠고, 읽기를 배웠습니다. 이제는 글자가 눈에 띄면 읽지 않기가 더 어렵습니다. 오랫동안 반복해서 자동화된 행동, 이것이 습관입니다.

혹시 캘리포니아 과학 센터 퀴즈의 정답이 궁금하신가요? 지능은 유전보다 환경의 힘이 더 우세하고, 과학에 대한 흥미는 거의 환경에 의해 정해진다고 합니다. 예상하신 답이 맞을지 모르겠습니다.

"그런데 왜 공부 잘하는 엄마, 아빠 밑에 공부 잘하는 아이가 나올까요?"

"우리 애는 아빠 닮아 수학 머리가 없는데요?"

환경의 힘이 더 우세하다는데, 왜 이렇게 똑 닮았을까요? 부모는 아이에게 유전자도 물려주지만, 환경도 물려주기 때문입니다. 부모는 의도했든, 의도하지 않았든 간에 아이가 살아가는 환경의 많은 부분을 만들어갑니다. 부모 자신의 습관부터 아이의 행동에 대해 부모가 하는 말과 반응, 아이의 문제를 도와주는 방식까지 많은 것들이 아이의 성장에 영향을 미칩니다. 소위 공부 잘하는 엄마는 높은 지능을 물려주었다기보다는 아이의 공부 습관을 잡아주는 방법을 더 잘 알고 있는지도 모릅니다. 좋은 습관이 만들어지기 위해서는 도움이 필요합니다. 규칙적인 수면 습관, 건강한 식습관, 꾸준한 공부 습관, 적절한 미디어 습관, 아이의 마음을 지키는 습관은 저절로 생겨나지 않습니다. 그것을 가르쳐주는 누군가, 그것을 지속할 수 있도록 도와주는 누군가가 있어야 합니다.

이 책은 습관에 대한 세 가지 이야기를 담고 있습니다. 가장 먼저 습관이란 무엇인지를 살펴봅니다. 우리는 아이의 (그리고 나의) 행동을 왜 바꾸기 힘든지, 우리가 놓치고 있었던 것은 무엇인지를 찾아볼 수 있을 거예요. 그다음은 어떻게 습관이 만들어지는가를 이야기하며 습관 만들기를 도와줄 수 있는 방법들을 꼽아보았어요. 똑같은 행동을 매일 반복하거나, 칭찬 스티커를 붙여주는 것만으로는 왜 아이가 바뀌지 않았는지를 확인해보세요. 마지막으로 우리 아이의 뇌를 위해 만들어야 할 열 가지 습관을 제시합니다. 집중하는 뇌, 공부하는 뇌, 행복한 뇌를 만들기 위해 아이들에게 꼭 가르쳐주고 싶은 것들을 골랐습니다. 엄마로서 저희 아이들에게 알려주고 싶은, 그런 것들이요.

이 책은 희망을 이야기하기 위해 썼습니다. 지금까지 '우리 애는 나를 닮아 수학을 못하는구나. 에휴, 좋은 머리 물려주지 못해 미안하네'라고 생각해왔다면 그것을 바꿀 절호의 기회입니다. 내가 어린 시절에 배우지 못했던 습관을 키워주세요. 아이에게 매일 공부하는 습관을 길러주고, 수학에 대한 두려움을 깨고 끈기 있게 도전하는 습관을 만들어주세요. 좋은 행동은 뇌를 바꾸고, 바뀐 뇌는 좋은 행동을 하게 만듭니다.

이제 결정할 때입니다. 아이의 뇌를 태어날 때부터 정해진 것으로 믿고 그대로 자라게 할지, 아니면 아이의 뇌가 변한다는 것을 믿고 좋은 방향으로 변하도록 노력할지요. 어때요? 습관의 힘을 믿고 도전해보고 싶지 않으신가요?

우리 아이의 뇌를 바꾸는 여정에 함께할 준비가 된 분은 다음 장을 넘겨주세요.

이제 시작해봅시다.

실리콘밸리에서
김보경 드림

1부

습관이 바뀌면
뇌가 바뀐다

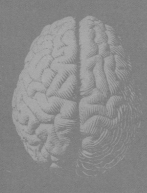

1장

내 아이는

작심삼일로

살지 않기를

01

어떻게 옆집 아이는
알아서 척척 잘할까

아름이는 아침 7시에 일어납니다. 방에서 나와 세수를 하고 잠시 책을 읽거나 거실에서 인형과 뒹굴뒹굴하다 잠에서 깨어나고, 가족과 함께 아침 식사를 합니다. 스스로 옷을 입고 가방을 챙긴 뒤에 "다녀오겠습니다" 밝게 인사하며 학교에 갑니다.

수아는 아침에 일어나기가 어렵습니다. 엄마가 세 번, 네 번 깨우러 와도 잠시 눈을 떴다가 다시 잠들어버립니다. 아니, 다시 잠들지 않더라도 이불을 돌돌 말고 밖으로 나오지 않지요. 결국 엄마가 화를 내고 나서야 방에서 나옵니다. 아침을 차려 줘도 한 입 겨우 먹고 가만히 앉아 있어 떠먹여주거나, 빨리 먹으라고 혼내기 일쑤입니다. 등을 떠밀어 옷을 입으라고 방에 들여보내면 한참을 나오지 않습니다. 내일모레면 초등학교에 입학하는데, 언제까지 옷을 입혀줘야 하는 걸까요?

재훈이는 학교에 다녀오면 가방을 걸어두고 손을 씻습니다. 간식을 먹으며 동생과 대화하고, 숙제한 뒤에는 친구들과 놀이터에서 만나 잠시 놀다 들어옵니다. 저녁 식사 시간이 되면 밥상 차리기를 돕고, 다 먹은 뒤에는 식기를 정리합니다. 잘 시간이 다가오면 놀던 것을 마무리하고, 자리에 눕습니다. 가끔은 더 놀고 싶을 때도 있지만 다음 날 학교에 가야 하니 정해진 시간이 되면 잠을 청합니다.

현오는 학교에 다녀오면 옷과 가방을 아무렇게나 던져둡니다. 숙제하라는 잔소리를 매일 듣지만, 저녁 먹기 전까지 노느라 숙제를 미루고 미룹니다. 저녁 늦게 숙제를 하려고 앉으면 이미 피곤해서 책상에 엎드리거나 딴짓하게 됩니다. 30분만 집중해서 하면 될 텐데, 방을 들락날락하며 1시간이 넘도록 질질 끌고 있다가 엄마 아빠에게 혼이 나면 겨우 마무리합니다. 제때 숙제를 내지 못하는 날도 많습니다. 수학 경시대회에 나가서 일등을 하라고 요구하는 것도 아니고, 그저 숙제를 조금 일찍 시작하라는 것뿐인데 왜 이렇게 안 되는 걸까요? 집중해서 하면 빨리 끝낼 수 있다는 사실을 모르는 것인지, 아니면 알면서도 게으름을 피우는 것인지 답답하기만 합니다. 숙제를 빨리 하라는 잔소리, 문제를 똑바로 읽으라는 잔소리를 거치면 이제는 빨리 씻고, 빨리 자라는 잔소리 폭격이 쏟아집니다. 매일 말해주는데도 매일 해야 할 일을 제대로 하지 않습니다.

아름이와 수아, 재훈이와 현오의 차이는 무엇일까요?

아침에 등교 준비를 하기에 충분히 일찍 일어난다거나, 숙제를 적당한 시간에 시작한다는 것은 어찌 보면 아주 작고 사소합니다. 하지만 이 작은 행동들을 무시해서는 안 됩니다. 등교 준비도, 숙제도 매일 있는 일이거든요. 매일 반복되는 사소한 행동들은 같은 행동을 불러일으키는 힘을 가집니다. 이 행동들은 반복이 지속될수록 몸에 달라붙고, 이 행동에서 벗어나기 어렵게 뇌의 구조를 만들어갑니다. 그래서 내일 또, 같은 행동을 하도록 우리의 등을 떠밀게 됩니다. 비록 자기 전에 '내일은 일찍 일어나야지'라고 다짐을 하더라도 말이에요. 우리는 이 끈질기고 강력한 힘을 가진 행동을 '습관'이라고 부릅니다.

맞아요. 아름이와 수아의 차이, 재훈이와 현오의 차이는 바로 습관입니다. 아직 어린아이들이라도 이미 만들어진 습관의 수는 생각보다 많습니다. 양말 먼저 신고 바지를 입을지, 바지 먼저 입고 양말을 신을지는 아이마다 다르고요. 어떤 아이는 숙제를 먼저 하고 놀고, 또 다른 아이는 놀면서 최대한 미루었다가 나중에 시작합니다. 물론 숙제를 저녁에 시작한다고 모두 나쁜 습관은 아닙니다. 밝은 낮 시간에 친구와 만나 신나게 놀고, 저녁밥을 든든히 먹은 뒤 차분하게 숙제하며 하루를 마무리하는 습관이 잘 맞는 아이도 있습니다.

　어린아이도 어른도, 우리는 모두 습관을 갖고 살아갑니다. 수년에 걸쳐 몸에 익힌 습관들은 아이를 도와주기도 하고, 아이를 방해하기도 합니다. 아이와 함께하는 우리의 육아를 쉽게 만들기도, 어렵게 만들기도 하지요. 습관은 생각보다 큰 힘을 가지고 있습니다. 우리는 이제부터 아이가 세상을 배우는 과정을 알아볼 예정이에요. 아이들의 뇌가 어떻게 행동을 배우고, 반복하고, 그것이 단단한 습관으로 자리 잡는지, 그리고 그 습관들이 어떻게 한 사람을 만드는지 말이에요. 이것을 이해하면 분명 육아를 다르게 접근하게 될 거예요.

나쁜 아이는 없다. 나쁜 습관이 있을 뿐

　화창하기 그지없던 여름의 끝 무렵, 제 아이와 비슷한 또래 아이를 키우는 친구와 점심을 먹던 중, 아주 흥미로운 말을 들었습니다. 친구는 저에게 이렇게 물었어요. '이렇게 (행동)하면 혼나는 걸 뻔히 알 텐데, 왜 자꾸 똑같은 잘못을 할까?' 이 책의 흐름을 결정하게 된 중요한 질문이었지요. '아! 우리가 잘 모르는 것이 이것이구나'라는 깨달음을 얻었거든요.

처음 하는 실수가 아닌 반복적으로 일어나는 잘못된 혹은 별로 원치 않는 행동들이 있습니다. 예를 들면 아침에 옷을 천천히 입는다거나 숙제를 밤까지 미루는 행동들 말이죠. 도대체 왜 이렇게 행동하는 걸까요?

어떤 행동은 아이의 타고난 기질로 설명이 가능합니다. 새로운 놀이터에 가면 한참을 부모의 뒤에서 지켜보는 아이와 신나서 손을 놓고 달려가 처음 보는 미끄럼틀을 타는 아이는 타고난 성향이 서로 다릅니다. 또 어떤 행동은 아이의 발달에 따라 달라집니다. 손에 쥔 바나나가 부러지면 다시 붙여달라고 엉엉 울던 아이는, 한 살만 더 먹어도 그런 행동을 하지 않습니다. 부러진 바나나는 붙일 수 없으며, 부러져도 먹는 데에는 큰 지장이 없다는 사실을 알게 되었기 때문이죠. 아이는 목표를 달성하기 위한 행동을 하기도 합니다. 놀이터에 빨리 가기 위해 평소보다 더 빠른 속도로 신발을 신는다거나, 과학 점수를 더 잘 받고 싶어서 자연 관찰 숙제를 정성 들여 작성하는 것은 분명한 목표가 있는 행동입니다.

하지만 어떤 행동들은 이해하기 어려워 고개를 갸웃거리게 됩니다. 신경질적인 말투로 말대꾸를 하면 혼날 게 뻔한데도 툴툴대기 일쑤이고, 간식을 먹고 나서 과자 봉지를 그대로 식탁 위에 둡니다. 치우라고 매번 잔소리를 듣는데도 말이에요. 내일까지 숙제를 끝내려면 오늘 낮에는 시작해야 할 텐데 "조금만 더! 조금만 더!"를 외치며 게임을 멈추지 않습니다. 아니, 숙제를 안 하면 안 된다는 것을 모르는 걸까요?

아이가 아침에 느릿느릿 옷을 입는 이유는 이렇게 늑장을 부리다가는 지각한다는 것을 이해하지 못해서가 아닙니다. 부모가 불렀을 때 퉁명스럽게 대답하는 이유는 부모를 무시하거나 화나게 하기 위해서도 아니고, 숙제를 미루는 이유는 내일까지 해야 한다는 것을 몰라서도 아니죠. 숙제를 안 하면 본인도 부끄럽고 곤란해질 수 있다는 사실도 알고 있습니다. 적어도 우리가 아이에게 직접 물어본다면 그렇게 대답은 할 수 있을 거예요. "숙제를 안 해가는 것이 더 좋으니?"라고 물어보세요. 대부분 "아니오"라고 답할 거예요. 그러니 참으로 답답한 노릇이죠. 그걸 다 알면서도 여태 시작을 안 했다니 말이에요.

아이에게 물어보세요. 왜 숙제를 미루었는지. 대개는 어깨를 으쓱하며 "몰라요" 아니면 "그냥요"라고 대답합니다. 이 말은 듣는 부모님의 속은 더더욱 답답해지고요. "아니, 네가 해놓고 모른다니? 그냥 그렇게 했다는 게 말이 돼?" 네, 말이 됩니다. 여기에는 이유가 없습니다. 물론 이 행동은 아이가 선택한 것이긴 합니다. 중요한 것은 그 선택이 심사숙고를 거친 끝에 내린 결론이 아니라는 점이지요. 아이가 숙제를 미루기로 선택한 것은 숙제를 등한시해서도, 숙제를 안 하는 불성실한 태도를 더 선호해서도 아닙니다. 선생님이나 부모님의 말씀을 무시해서도 아니고, 공부를 안 해도 나중에 후회하지 않을 자신이 있어서도 아닙니다.

그냥 그렇게 선택한 것입니다.

사람들은 자신의 의지를 과대평가하는 경향이 있습니다. 어떤 행동을 한다면 그것이 나의 의도된 행동이며, 생각을 반영한다고 생각합니다. 하지만 많은 경우 이 생각은 착각에 지나지 않죠. 무척 흔하게 일어나는 착각이기 때문에 부르는 이름까지 있답니다. 심리학 용어로 '내성 착각'이라고 합니다. 내성 착각을 가진 사람은 나의 행동이 나의 의지에서 비롯된 것이라고 과하게 믿는 나머지 다른 가능성에 대해서는 잘 생각하지 않게 됩니다. 양치질을 할 때 어느 쪽 먼저 칫솔질을 시작하시나요? 어쩌면 기억이 잘 안 날지도 모릅니다. 하지만 거울 앞에 서서 칫솔에 치약을 묻혀 양치질을 해보세요. 아마도 더 편하게 손이 먼저 가는 방향이 있을 거예요. 우리가 칫솔질을 왼쪽부터 하는 것은 왼쪽 치아를 더 소중하게 여겨서도, 그것이 칫솔질을 효율적으로 끝낼 수 있게 도와준다는 믿음이 있어서도 아닙니다. 여기에는 '왜'가 없습니다. 자동으로, 무의식적으로, 말하자면 그냥 한 행동입니다.

그냥 숙제를 안 했다는 아이의 말은 정답입니다. 오히려 어린아이이기 때문에 그럴싸한 이유를 꾸며내지 않고 솔직하게 모른다고 대답할 수 있었는지도 모릅니다. 여기서 더 추궁한다면 아이는 이유를 만들어내기 시작할 거예요. 친구가 놀자고 해서 잠깐만 놀려고 했다거나, 저녁 식사가 끝나면 열심히 하려고 다 생각해두었는데 엄마는 알지도 못하면서 혼만 낸다며 비난의 화살을 교묘하게 돌리게 될지도 모르죠.

이 사실을 인식하는 것은 매우 중요합니다. 우리가 앞서 이야기한 문제들, 아침에 늑장을 부리는 것부터 숙제를 미루는 것까지, 대부분은 의도적으로 주의를 기울여야 하는 행동이 아니라는 점을 이해하는 것 말이에요. 대개 이런 행동들은 이유가 없어요. 그냥 하는 것입니다. 굳이 이유를 말하자면, 지금까지 그렇게 해왔기 때문에 다시 하는 것뿐입니다. 이것이 습관입니다.

습관은 다음과 같은 특징을 갖습니다.
1. 습관은 특정 상황이 되면 자동으로 튀어나옵니다.
2. 습관은 스스로 의식하지 못하는 사이 일어납니다.
3. 습관은 애쓰지 않아도 하게 됩니다.
4. 습관은 오랜 반복을 통해 만들어집니다.
5. 습관은 쉽게 사라지거나 바뀌지 않습니다.

그러니 더 이상 추궁하지 마시고 '그냥'이라고 답하는 순간에 집중하세요. 이 대답은 오히려 우리에게 중요한 힌트를 제공합니다. 아이에게 이 행동이 무심코 나올 만큼 습관으로 자리 잡고 있다는 뜻이니까요. 오랫동안 반복되고 있는 행동이라면 더더욱 주의를 기울이세요. 나쁜 습관을 고치고, 좋은 습관을 심어야 할 때입니다.

좋은 습관이 똑똑한 뇌를 만든다

지금 한번 짐작해보세요. 우리는 하루에 200가지가 넘는 선택을 한다고 합니다. 아침에 일어나 슬리퍼를 신을 것인지 말 것인지부터 비 올 확률이 40퍼센트인 날 우산을 챙길 것인지 말 것인지까지 수많은 선택을 해야만 하죠. 이번 주에 수학 시험이 있다면 언제부터 공부를 시작해야 할 것인지도 아주 중요한 선택입니다. 과연 이 중에 얼마나 많은 것이 습관에 의한 선택일까요?

습관에 관한 연구의 선구자인 웬디 우드는 우리가 하는 행동의 40퍼센트 이상이 습관이라는 것을 밝혀냈습니다. 조금 더 정확하게 말하자면 43퍼센트가 넘는다고 하네요. 즉, 내가 어떤 행동을 해야겠다는 분명한 의식이 없이 자동으로 하는 행동들이 절반 가까이 된다는 것이죠. 이 비율은 분야마다 차이가 있습니다. 일상적인 행동의 약 80퍼센트 이상이 습관적으로 이루어집니다. 예를 들면 샤워할 때 몸을 닦는 순서라던가, 학교 끝나고 집으로 돌아오는 길을 찾는 것은 습관의 영역입니다. 주의를 기울이지 않고도 샤워나 집 찾기를 잘할 수 있는 이유는 우리가 오랫동안 그 행동을 반복하면서 몸에 익었기 때문입니다. 이렇게 몸에 익은 행동들은 어떤 상황이 되면(예를 들어 샤워부스에서 물을 튼다거나 집에 가려고 책가방을 어깨에 메는 것) 자동으로 몸을 움직이며 시작됩니다.

뇌가 습관을 만드는 이유는 자명합니다. 일일이 신경 쓰지 않아도 행동이 자동으로 이루어지면 뇌의 에너지 소모를 줄여주기 때문이죠. 에너지 절약은 뇌가 아주 좋아하는 일입니다. 뇌는 신체의 작은 부분인 데 반해 신체 에너지의 많은 부분을 사용합니다. 우리가 음식으로 섭취하는 열량을 기준으로 볼 때 어른의 경우에는 20퍼센트 이상, 아이들의 경우에는 절반의 에너지를 사용하거든요. 어린 뇌의 과도한 에너지 소모 수준이 성인 뇌의 에너지 소모 수준으로 떨어지는 데에는 행동의 자동화와 그에 따른 뇌의 재정비가 중요한 역할을 합니다. 실제로 어린아이들은 매일 밤 샤워할 때마다 다르게 행동하곤 합니다. 어느 날은 머리를 감기 싫다고 떼쓰고, 어느 날은 발가락 사이를 본인이 닦겠다며 하염없이 시간을 보냅니다. 아이의 목욕 시간은 부모에게도 아이에게도 큰 힘을 들여야 하는 시간 중 하나이죠. 하지만 해가 갈수록 아이의 행동은 단순화되고, 어느 정도 정해진 순서대로 샤워를 해치웁니다. 습관의 형성 과정은 곧 뇌가 효율적으로 일을 잘 하도록 발달하는 과정입니다.

많은 행동을 자동화시키는 과정이 없다면 뇌는 과부하 상태가 되고 말 거예요. 우리에게 습관이 없다면 매일 200개 넘는 선택의 기로마다 어떤 행동을 할지 선택해야 합니다. 바지를 입을 때 오른발을 먼저 넣을지 왼발을 먼저 넣을지 아침마다 고민해야 하는 사람의 심정을 생각해보세요. 아니, 심정은 둘째 치고 우리는 모든 것을 고심해 고르느라 늘 지각을 면치 못하겠지요.

따라서 우리는 습관에 대해 잘 이해할 필요가 있습니다. 습관은 아이가 고민하지 않고 무의식적으로, 자동으로 하는 수많은 행동들을 만들어가고, 그 행동들이 점점 많아지면서 아이가 보내는 시간의 절반을 결정할 테니까요. 좋은 습관은 아이의 삶을 도와줄 것이고, 나쁜 습관은 아이의 삶을 방해할 것입니다. 부모가 습관에 대해 이해하고 아이에게 좋은 습관을 만들어주기 위해 노력을 기울이면, 아이는 세상의 많은 난관과 과제를 보다 쉽게 해결하며 살 수 있습니다.

02

백번 말해도
아이가 바뀌지 않는
세 가지 이유

　세상에는 아이를 교육하는 법, 훈육하는 법에 대한 이야기가 정말 많습니다. 아이의 마음에 공감해주라고 하기도 하고, 분명하게 규칙을 알려주라고 하기도 하죠. 육아서를 읽은 날이면 속으로 좋은 대화법을 연습해봅니다. 그리고 부모님들은 열심히 시도해봅니다.

　"친구가 장난감 가져가서 화가 났어? 화가 날 때에는 말로 하는 거야."

　"식사 시간에는 식탁에 와서 앉는 거야."

　"8시 전에는 숙제를 마쳐야 해."

　약간은 효과가 있는 것 같아요. 역시! 육아서를 읽은 보람이 있군요. 하지만 며칠이 지나면 다시 원래대로 돌아옵니다. 분명히 내 말을 알아듣고 대답도 잘했는데, 왜 아이는 바뀌지 않는 걸까요? 속이 답답해집니다. 부글부글 끓는 속을 누르며 책에서 배운 대사를 반복한 끝에 결국 우리는 똑같은 대화로 돌아옵니다.

"도대체 몇 번을 말해야 알아들어?"

"그렇게 하지 말랬지!"

"너는 왜 엄마가 하라고 잔소리를 해야만 하니?"

화를 내며 아이에게 핀잔을 주고 난 날은 밤이 되면 후회가 몰려옵니다. 아, 그렇게 말하지 말았어야 했는데. 공부하기 싫은 마음, 조금 더 놀고 싶은 마음을 이해해줬어야 하는데. 수련이 좀 부족했던 것일까 고뇌하며 그날 밤은 육아 관련 영상을 시청해봅니다.

아이들의 행동이 변하기 힘든 것도 이해할 만합니다. 어른인 우리가 마음을 굳게 먹어도 꾸준히 지키기 어렵잖아요. 우리가 다짐하고 다짐해도 똑같은 말과 행동으로 돌아가게 되는 이유는 아이가 바뀌지 않는 이유와 같습니다. 시작만 했을 뿐이기 때문입니다. 물론 시작은 중요하죠. 시작이 반이라고 하잖아요. 시작하지 않는다면 변화도 없으니까요. 하지만 중요한 것은 시작만으로는 완성이 되지 않는다는 점입니다. 진짜 변화를 만들기 위해서는 한 가지 더 필요한 것이 있습니다. 바로 지속입니다. 지속은 시작보다 어렵습니다.

지금까지 아이의 행동을 바꾸는 것은 왜 이렇게 힘들었는지, 이제 그 이유를 세 가지로 나누어 생각해보겠습니다.

1. 충분히 반복하지 않았다

저는 매년 연말이나 연초가 되면 성인들을 대상으로 1년의 자기 계발 계획을 세우는 워크숍을 진행합니다. 이 워크숍은 언제나 같은 농담으로 시작합니다.

"저는 여러분의 새해 목표가 궁금하지 않아요. 보나 마나 독서, 운동, 공부 중에 하나겠지요."

우리는 다이어트를 결심하지만, 한 달 이내에 포기할 확률이 높습니다. 아이들을 재우고 영상을 보며 홈트레이닝을 하든, 마음먹고 새벽 수영 수업을 신청하든 상관없이 말이에요. 학생들은 수학 공부를 다짐하고 포기하기를 반복하며 문제집의 앞부분만 새카맣게 만듭니다. 이제부터 이것을 '작심삼일의 저주'라고 부르겠습니다.

중학생인 서원이 부모님은 서원이가 숙제를 하는 데에 너무 오래 걸린다는 점 때문에 저와 만나게 되었습니다. 첫 만남에서 서원이의 하루 일과에 대해 쭉 들은 뒤에 두 가지 문제를 발견했습니다. 하나는 스마트폰을 옆에 두고 끊임없이 친구들과 채팅을 하는 것, 그리고 다른 하나는 방에 들어가서 숙제를 하기 때문에 마음 놓고 다른 길로 샐 수 있다는 것이었죠. 청소년기 아이들이 자주 겪는 문제입니다.

서원이와 부모님이 상의하여 숙제 시간을 정하고, 그 시간 동안에는 스마트폰을 부엌에 두기로 했습니다. 가끔 숙제를 위해 컴퓨터를 사용할 때도 있는데, 그때는 반드시 거실에서 하기로 했지요. 숙제를 하는 동안에도 방문은 열어두기로 했습니다. 부모님이 뒤에서 계속 감시하는 것은 아니었지만, 오고 가는 사람들 소리를 듣는 것만으로도 다른 길로 새지 않는 데에 도움이 되니까요. 한 달이 채 지나기 전에 서원이는 숙제 시간을 훨씬 단축시켰고, 부모님은 한시름 놓게 되었습니다.

행동을 고치려면 솔루션보다 '시간'이 필요하다

두 달이 지난 뒤에 서원이 부모님이 다시 연락을 하셨어요. 다시 원래대로 돌아왔다는 거예요. 새로운 방법을 알려주니 아이도 선뜻 동의하고, 그 뒤로 노력하는 것 같아 알아서 하라고 놔두었던 것입니다. 하지만 숙제는 지겹고, 채팅창의 수다는 달콤했지요. 방학을 하며 시간이 많아지자 스마트폰 사용 시간이 점점 길어졌고, 다시 공부 시간을 침범하기 시작했습니다.

흔히 물고기를 잡아주지 말고 잡는 법을 가르치라고 합니다.

물고기를 잡아주면 하루를 살 수 있지만, 잡는 법을 가르치면 일생 동안 먹고 살 수 있다고요. 자녀 교육의 금언입니다. 자, 이 말을 이렇게 고쳐보겠습니다.

"물고기를 잡아주지 말고 혼자서 잡을 수 있을 때까지 연습하여 잡는 법을 가르쳐라."

그렇잖아요. 아이에게 물고기를 잡아주다가 어느 순간 멈추고, A4 용지 두 장에 물고기 잡는 10단계 방법을 써서 전달해준다고 해봅시다. 혹은 시대의 흐름에 맞춰 물고기 잡는 법에 대한 영상을 보여줄 수도 있겠죠. 그리고 넓은 강가로 내보냅니다. 자, 이제부터 네가 스스로 잡아보렴. 할 수 있지? 과연 효과가 있을까요?

서원이를 위한 솔루션이 실패한 이유는 어린아이를 혼자 물가에 내보냈기 때문입니다. 서원이는 숙제할 때 스마트폰을 부엌에 두라는 지시를 들었을 뿐, 스마트폰을 보고 싶은 유혹을 이기는 법은 아직 익히지 못했습니다. 스마트폰이 없는 허전함과 숙제의 지루함에 익숙해지지도 못했고요. 친구들과의 대화를 1시간쯤 멈춘다 해도 별일이 일어나지 않는다는 깨달음도 아직 찾아오지 않았습니다. 숙제를 빨리 마치는 것이 자신에게 도움이 된다는 것도 느끼지 못했지요. 이 모든 것이 아직 내 것이 되지 못했습니다. 내 것이 되는 데에는 시간이 필요합니다.

하나의 습관이 자리 잡는 데에 얼마나 오랜 기간이 걸릴까요? 혹자는 21일이라고 합니다. 20일도 아니고 21일이라니, 대단히 구체적인 숫자입니다. 그래서 더욱 신빙성 있게 들립니다. 21일, 3주를 지속하면 무조건 습관이 될까요? 21일이라는 숫자는 사실 습관 연구에서 나온 것이 아닙니다. 1950년대의 성형외과 의사였던 맥스웰 몰츠 박사는 성형 수술을 받은 환자들이 자신의 새로운 모습에 익숙해지기까지 얼마나 걸리는지 관찰하였습니다. 그랬더니 약 21일이 지나면 높아진 코나 절단된 손가락을 받아들이고 새로운 상황에 익숙해진다는 것을 알게 되었지요. 21일이 지나면 새로운 행동이 습관으로 변한다는 의미는 아닙니다.

습관이 생기는 데에 걸리는 시간은 딱 떨어지는 날짜로 답하기 어렵습니다. 한 연구에서 사람들에게 한 가지씩 새로운 행동을 선택하게 한 뒤 습관이 되기까지의 기간을 연구해보았는데, 짧게는 18일부터 길게는 250여 일까지 다양한 기간이 걸렸다고 합니다. 어떤 행동은 더 쉽게 습관화할 수 있을지도 모릅니다. 자기 전에 누워서 스마트폰으로 짧은 영상들을 들여다보는 행동은 나도 모르는 사이 금세 습관으로 자리 잡습니다. 하지만 건강을 위해 저녁 식사를 야채 위주 식단으로 바꾼다던가, 스마트폰을 내려놓고 명상과 독서를 하다가 잠이 드는 것은 좀처럼 쉽지 않습니다. 스마트폰을 넣어두고 자물쇠까지 잠가버리는 상자를 가져다 둔다고 해도, 일주일 남짓 사용해서는 효과가 없습니다.

가끔 빠른 효과를 원하는 부모님들을 만날 때가 있습니다. 한 문장의 말이나 하나의 교구로 아이의 생각과 행동을 완전히 바꾸어버리기를 기대합니다. "장난감 던지지 마!"라고, 말 하던 것을 "우리 OO이가 화가 났구나. 던지지 말고 말로 해보자"라고 해봅니다. 전문가 선생님이 그렇게 이야기하면 훈육이 잘된다고 합니다. 3~4일쯤 해보았지만, 별 효과가 없습니다. 그러면 또 다른 훈육법을 검색합니다. 이 방법도, 저 방법도 소용이 없습니다. 그러다 울컥 화가 치밀어 오르면 이번에는 '화내지 않는 법'을 검색해봅니다.

변화는 솔루션이 아니라 시간이 필요합니다. 아무리 좋은 해법이어도 충분히 오랜 기간 동안 적용해야 효과가 보이지요. 새로운 행동을 뇌에게 확실하게 각인시키기 전까지는 변화했다고 볼 수 없어요. 화가 났을 때 아이는 장난감 던지기가 아닌 다른 행동을 선택해야 하고, 그 선택이 반복되어 화가 나는 상황에서 새로운 행동이 자동으로 실행될 때야 이 훈육은 마무리됩니다. 얼마나 오래 걸릴지는 사실 예측이 어렵습니다. 21일이 걸릴 수도, 그보다 훨씬 오래 걸릴 수도 있습니다. 분명한 것은 아무리 지혜로운 해결책이라 해도 충분히 공을 들이기 전에는 습관이 되지 않음을 기억해야 합니다.

2. 아이의 의지를 너무 믿는다

초등학교 3학년인 지환이는 게임을 좋아합니다. 학교에 다녀오면 가장 먼저 하는 것이고, 저녁 식사 후에 자유시간이 생기면 다시 게임을 시작합니다. 문제는 게임을 마치는 시간입니다. 저녁 9시에는 게임을 마치기로 약속했지만 잘 지킨 적은 없습니다. 어느 날은 엄마에게 혼나서 게임을 끄기도 하고, 어느 날은 포기한 엄마의 눈치를 보며 밤늦도록 하기도 합니다. 늦게까지 게임을 하고 나면 당연히 다음 날 아침에는 일어나기가 어렵습니다. 지환이의 엄마는 몇 달을 이 문제로 씨름하고, 협박부터 포상까지 다양한 방법을 써보았지만, 성공한 것은 없었습니다.

지환이 엄마는 지환이가 행동을 고칠 마음이 없다고 평가합니다. 게임을 조금만 하겠다고 대답을 해봤자 그때뿐이고, 정말로 바뀌려는 의지는 없으며, 게임에 정신이 팔렸기 때문에 고치지 못한다고 생각하고 있지요. 그렇잖아요? 정말로 마음을 강하게 먹었다면, 분명 고칠 수 있었을 테니까요.

지환이는 엄마의 평가가 억울합니다. 지환이도 다 알고 있거든요. 게임을 늦게까지 하는 것이 좋지 않다는 것도 알고요. 게임은 적당히 하고, 제시간에 학교에 가고 싶은 마음도 있습니다. 하지만 잘되지 않을 뿐입니다. 어느 날은 '게임을 조금만 해야지' 스스로 다짐을 하기도 하고, 늦게 자는 날에는 '내일 아침에는 꼭 일찍 일어나는 거야!' 하고 자신을 격려하기도 합니다. 하지만 다짐은 언제나 부족하고, 지환이는 그때마다 스스로에게 실망합니다.

우리는 무언가를 실천하기 위해서는 마음을 굳게 먹어야 한다고 생각합니다. 굳은 다짐의 방법은 여러 가지입니다. 다이어리에 적어두거나 주변 사람들에게 공표하기도 하고요. 돈 내기를 하거나, SNS에 기록을 남기기도 합니다.

변화가 필요할 때 첫 번째로 떠오르는 방법이 '굳은 마음먹기'이기 때문에 우리는 아이들에게도 비슷한 것을 요구합니다. 가장 흔한 방법은 약속입니다. 오늘부터 옷 정리하기, 내일부터 일찍 일어나기, 일주일에 세 번 수학 공부하기, 3학년부터 지각하지 않기 등 수많은 약속이 오고 갑니다. 약속을 지키면 한 달 전부터 갖고 싶어 하던 새로운 장난감을 사주거나 용돈을 올려주기로 추가 약속을 하기도 합니다.

이대로만 된다면 참 좋으련만. 실패는 성공보다 쉽습니다. 목표 달성에 실패했을 때 우리는 주로 의지(혹은 의지력, willpower)라는 것을 원망합니다. 많은 분이 아이가 실패한 경험담, 작심삼일의 저주에서 벗어나지 못하는 고통을 토로하며 비슷한 질문을 던집니다. "저희 아이는 의지박약인가 봐요. 어떻게 하면 의지를 키울 수 있나요? 어떻게 동기를 높일 수 있을까요?"

할 수 없는 일을 시키면 '말 안 듣는 아이'가 되는 수밖에

먼저 의지, 혹은 의지력이란 무엇인지부터 이야기해봅시다. 심리학에서는 의지란 내 자신을 통제하거나 유지하는 힘이라고 정의합니다. 순간적인 유혹에 끌리는 충동을 꾹 참아내면서 미래의 더 큰 목표 달성을 추구하는 능력이지요. '박약하다'의 사전적 의미는 굳세지 못하고 여리다, 혹은 불충분하거나 모자란 데가 있다는 뜻이라고 합니다. 실제로 사람의 의지는 박약합니다. 대쪽과 같이 굳세지도 않고, 우리가 원하는 모든 것을 이루어줄 만큼 충분하지도 않습니다. 의지를 발휘하는 데에는 큰 에너지가 들기 때문입니다.

30분 동안 신나게 하던 게임을 '한 판만 더' 하기는 쉽습니다. 하고 싶은 마음을 억누르고 전원을 끄는 것은 더 많은 힘을 필요로 합니다. 아침에 알람을 누르고 좀 더 자는 것은 딱히 노력하지 않아도 됩니다. 벌떡 일어나 이불 밖으로 나오는 것은 태산을 들어 올리는 것 같은 노력이 필요합니다.

문제는 우리의 뇌가 쓸 수 있는 에너지에 한계가 있다는 점입니다. 하루에 일할 수 있는 양이 있죠. 심리학자인 로이 바우마이스터는 '자아 고갈(ego depletion)'이라는 개념을 소개했습니다. 한마디로 요약하자면 의지가 자제력을 발휘하는 것은 매우 피곤하여 고갈되는 일이라는 개념입니다. 자아 고갈 실험들은 주로 사람들에게 의지 혹은 자제력을 사용하는 일을 연달아 하도록 요청합니다. 웃긴 영화를 보면서 웃지 말라고 한 뒤에 악력계를 오랫동안 쥐고 있으라고 하는 식이죠. 웃음을 참기 위해 노력하느라 힘을 많이 쓴 사람들은 악력계 쥐기를 더 쉽게 포기합니다. 혹은 초콜릿 과자를 앞에 놓고 셀러리를 씹으라고 한 뒤 (매우 잔인한 실험이죠?), 이어서 어려운 단어 의미 맞히기 문제를 풀라고 합니다. 셀러리를 씹느라 의지의 힘을 과도하게 쓴 사람들은 풀 수 있는 개수가 줄어들거나 더 빨리 포기해버 립니다. 한 가지 일에 많은 에너지를 쓰면 다음 일은 더 어렵게 느껴집니다. 이것이 우리 모두 필연적으로 의지박약인 이유입 니다.

의지를 높이는 방법을 묻는 사람들에게 저는 이렇게 대답합 니다.

"함부로 시험하지 마세요."

아이의 의지로 행동을 바꾸라는 약속을 그만하는 것이 좋습 니다. 할 일 목록을 길게 적어두고 온종일 스트레스만 받다가 결국 포기하는 것을 멈추는 것이 좋습니다. 너무 많은 다짐이 우리를, 그리고 아이들을 더 쉽게 지치게 하니까요. 자꾸만 다 짐과 약속에 실패하면 지환이처럼 스스로에게 실망하고 자신 감을 잃게 됩니다. 내 의지로 할 수 없는 일을 하라고 자꾸 강요하면 결국 아이는 '말 안 듣는 아이'가 될 뿐입니다. 의지는 중요한 일에 잘 골라서 써야 합니다. 그러려면 함부로 시험에 들게 하지 말고, 조금 아껴둘 필요가 있습니다.

3. 시작부터 완벽하기를 바란다

'아이가 밥을 잘 먹었으면 좋겠어요.' 네 살 소영이 부모님의 고민은 바로 식습관입니다. 좋은 식습관, 건강한 식습관을 갖는 것은 모든 부모가 바라는 것이니까요. 고쳐야 할 것들이 너무 많습니다. 식사 시간에 돌아다니는 것, 너무 큰 소리로 이야기하는 것, 야채를 골라내는 것, 싫은 반찬이 있으면 투정을 하는 것, 수저를 사용하지 않고 손으로 먹는 것 등등. 하나하나 지적하다 보니 식사 시간은 잔소리로 넘쳐나고, 아이는 울거나 짜증을 내며 식탁에서 도망칩니다.

소영이의 부모님과 마주앉아 가장 먼저 한 것은 바로 '좋은 식습관'을 다시 정의하는 것이었습니다. 우리가 사용하는 말은 가끔 오해를 불러일으킵니다. 식사라는 말은 한 단어지만 그 안에는 무수히 많은 행동을 담고 있습니다. 음식을 씹는 저작운동부터 식사 예절까지 포함하죠. 하지만 식사라는 하나의 단어로 묶어서 표현하기에 우리는 한 번에 이것들을 모두 가르치려는 실수를 범할 때가 많습니다. 그리고 열 개의 행동 중 몇 가지가 잘되지 않으면 우리 아이의 식습관은 '나쁨' 통지를 받게 되는 것이죠.

모든 것이 다 잘돼야 만족하고 그렇지 않으면 실패로 여기는 태도, 완벽주의는 우리의 발목을 잡습니다. 완벽주의가 덫이 되는 이유는 부모의 눈에 성공보다 실패가 더 잘 들어오기 때문입니다. 완벽주의 부모는 아이의 성공보다는 실패를 피하는 것에 더 초점을 맞추고 이야기합니다. 문제는 완벽한 상태란 것은 현실에 존재하지 않는다는 것입니다. 편식도 전혀 하지 않고, 나무랄 데 없는 식사 예절을 가진 네 살짜리 아이는 세상에 없습니다. 사실 성인조차도 도달하기 힘든 경지입니다. 도달할 수 없는 목적지를 향해 뛰는 것은 우리를 지치고 닳게 합니다. 아이는 언제나 자신의 행동이 부족하다는 평가를 받기 때문에 결국은 문제를 회피하고 싶어집니다. 괜히 시도했다가 실패하느니 그냥 하지 않는 것이 더 낫다는 결론에 도달하게 되는 것이죠. 이렇게 되면 아이는 식사 시간 자체를 싫어하게 됩니다.

성공은 무시하고 실패만 지적하는 부모

소영이가 너무 큰 소리로 이야기하는 것은 적당한 소리의 크기를 잘 모르기 때문입니다. 외치는 목소리와 대화하는 목소리를 구분할 수 있도록 지도하면 금방 배울 수 있습니다. 야채를 잘 먹지 않는 것은 이 시기에 흔한 편식의 일부분입니다. 성장에 영향을 미칠 정도로 심하지 않다면 꾸준히 다양한 식재료를 접하게 하면 대부분 나이가 들수록 좋아지기 때문에 급한 고민은 아닙니다. 수저를 사용하지 않는 것은 아직 손의 힘이 충분히 발달하지 않았기 때문입니다. 물건을 쥐고, 삽으로 흙을 파고, 찰흙을 꼭꼭 눌러서 뭉치고, 종이를 접는 등의 여러 동작을 반복하며 힘을 기르면 차츰 나아질 것입니다.

어떤 행동은 이미 할 수 있지만 잘 알려주지 않아서 습관으로 자리 잡지 못했습니다. 이는 차근히 알려주면 금방 배울 수 있습니다. 또 어떤 행동은 아이의 능력이 미치지 못해서 습관화가 되지 않았습니다. 선반에 손이 닿으려면 그만큼 키가 커야 하듯, 기다려주어야 가능합니다.

소영이는 인사를 잘합니다. 밥 먹으라고 부르면 "네!"하고 외치며 달려오고, 밥 먹을 때에는 "잘 먹겠습니다"하고 밝게 인사합니다. 초록 야채는 좀 골라내지만, 당근은 잘 먹고요. 엉덩이가 들썩들썩하긴 하지만 자기가 먹어야 할 양은 충분하게 먹고 있습니다. 볼이 볼록해지게 음식을 넣고 꼭꼭 씹어 삼키는 모습이 얼마나 예쁜지 몰라요. 아무리 먹고 싶어도 사탕은 식사 후에 먹도록 기다릴 수도 있고요. 두 개 먹고 싶지만 이가 썩지 않도록 하나만 먹고 참을 수도 있습니다. 좋은 습관도 아주 많이 갖고 있지요? 지금까지 소영이와 부모님이 함께 이룬 것들입니다. 앞으로 더 좋은 습관들을 차차 쌓아가면 됩니다.

좋은 식습관, 자기주도 학습, 긍정적인 삶의 태도 같은 것은 일평생 일구어나가는 것입니다. 우리가 나아가야 하는 방향인 것은 맞지만, 너무 큰 목표를 세우면 당장의 실천이 두려워집니다. 시작부터 완벽할 수는 없습니다. 한 발짝씩 좋은 방향으로 나아가는 것만이 가능합니다.

03

어떤 비결보다 강력한
습관의 힘

습관의 관점에서 바라보면 아이들에게 행동을 가르칠 때는 경험이 중요하다는 것을 알 수 있습니다. 학습을 한자로 쓰면 배울 학(學), 익힐 습(習), 뜻은 '배우고 익힌다'는 것입니다. 지난 이야기에서 소개했던 서원이 기억하시나요? 서원이에게 "이제부터 스마트폰을 다른 곳에 두고 공부하면 집중이 더 잘될 거야"라고 이야기한다면 이것이 배우는 과정에 해당됩니다. 스마트폰 사용이 공부에 방해된다는 것을 깨닫고, 스마트폰이 옆에 있으면 끊임없이 울리는 알림 때문에 공부에 집중할 수 없다는 것을 이해합니다. 이것을 의지로 끊어내는 것은 쉽지 않으니 아예 다른 곳에 두자는 새로운 방침도 받아들이고요. '학'의 단계입니다.

학교에 다녀오면 손을 씻고, 편안한 옷으로 갈아입고, 간식을 먹으며 잠시 쉬는 시간을 갖습니다. 저녁이 다가오면 휴대폰은 정해진 자리에 두고 방으로 들어갑니다. 커피 머신 옆에 두기로 합니다. 오늘 해야 할 공부를 40분쯤 하고 잠시 화장실에 다녀오고, 남은 공부를 마칩니다. 이것을 반복하다 보면 식탁에서 일어섬과 동시에 스마트폰을 커피 머신 옆에 두고 방으로 들어가는 날이 옵니다. 스마트폰에 대한 생각은 굳이 할 필요도 없이요. 자전거 페달을 밟으며 핸들의 방향으로 균형을 잡거나, 친구와 한참 수다를 떨다가도 횡단보도 신호등이 초록색으로 바뀌면 자연스럽게 길을 건너듯이 습관이 행동을 이끌어줍니다. '습'이 완성되었습니다.

새로운 것을 배운다는 것은 뇌 안에 기억을 차곡차곡 쌓아가는 과정입니다. 기억은 크게 명시적 기억과 암묵적 기억으로 나뉠 수 있어요. 명시적 기억은 의식이 있는 상태에서 서술할 수 있는 기억을 말하는데, 예를 들면 우리 집 주소나 오늘 점심으로 먹은 샌드위치 속에 무엇이 들었는가와 같은 것들입니다. 암묵적 기억은 무의식적으로 현재의 행동을 도와주는 형태의 기억입니다. 예를 들면 신발 끈을 묶는 법이나 샌드위치 빵에 마요네즈를 바르는 방식 같은 것입니다. 어린아이들이 새로운 행동을 배우는 것은 암묵적 기억을 쌓아가는 과정입니다. 아이들은 젖병을 빠는 법이나 기어가는 방법을 엄마의 설명이

나 아빠의 지시를 통해 배우지 않고, 본인이 할 수 있는 움직임을 이것저것 하면서 터득해나가지요. 아이가 클수록 명시적 기억을 통해서도 새로운 행동을 배울 수 있습니다. 칼질하는 법과 야채 볶는 법을 이미 알고 있다면, 요리책의 레시피를 보며 새로운 요리를 해낼 수 있듯이요. 하지만 칼을 처음 쥐어본 사람이라면 글로만 배워 그럴듯한 요리를 완성하기는 어렵습니다. '갖은양념'의 의미와 '노릇하게' 굽기의 정도는 경험을 통해 알게 되는 것들이기 때문입니다.

습관은 암묵적 기억을 쌓아가는 과정으로 특정 행동 양식을 몸에 익혀 아이들이 쉽게 행동을 하도록 도와줍니다. 어떤 습관을 만들어가는지가 어떤 행동을 쉽게 하게 될지를 결정합니다.

어떤 습관을 지녔는지의 여부는 아이의 미래를 만들어갑니다. 아이들이 오랫동안 반복하는 습관들은 천천히 뇌를 바꿉니다. 그리고 바뀐 뇌는 다시 습관화된 행동을 잘할 수 있도록 도와주고요. 공을 차는 훈련은 다리를 튼튼하게 해주고, 튼튼해진 다리가 축구를 더 잘하게 해주듯이 말입니다. 이제부터 습관이 어떻게 뇌를 바꾸는가를 좀 더 자세히 살펴보겠습니다.

김연아 선수는 왜 "그냥 하는 거죠"라고 했을까

김연아 전 피겨스케이트 선수의 유명한 '짤'이 있습니다. 아침 일찍 연습하러 나와서 스트레칭을 하는 김연아 전 선수에게 기자들이 무슨 생각을 하냐고 묻자 "무슨 생각을 해요. 그냥 하는 거죠"라고 말한 장면입니다. 물론 어린 나이부터 수많은 연습 시간을 견딘 것은 대단하지요. 하기 싫은 날이 왜 없었겠어요. 매일 아침 추운 빙상장에 나가는 것이 쉬운 일은 아니잖아요. 그런데도 그냥 한다고 대답할 수 있는 힘은 김연아 전 선수가 그동안 반복해온 세월에 있다고 생각합니다. 매일 아침 운동하러 가는 것이 당연해지는 삶을 살아온 그 시간 말이에요. 후에 잡지 인터뷰 기사를 보니 당시 진짜 속마음은 '빨리 집에 가고 싶다'였지만 순화해서 '그냥'이라고 대답했다고 하더라고요. 세계 재패를 하겠다는 대단한 포부를 갖고 아침 운동을 간 것도 아닌데, 빨리 집에 가고 싶은 마음이 있어도 '그냥' 운동을 반복할 수 있었던 이유는 무엇일까요? 김연아 전 선수에게는 아침 운동이 습관이기 때문입니다.

우리는 생각보다 의지가 약하며, 한꺼번에 너무 많은 의지력을 사용하려고 하면 고갈되어버린다고 이야기했습니다. 그런데 이상합니다. 분명 의지에는 한계가 있다고 했는데, 윗집 엄마는 아침 일찍 일어나 운동으로 하루를 시작하고, 옆집 아이는 집에 오자마자 시키지 않아도 숙제부터 척척 해둔다고 합니다. 이런 차이는 대체 어디서 오는 걸까요? 그 엄마는, 그 아이는 힘들지 않은 걸까요?

습관은 똑같은 일도 쉽게 만든다

집에 오자마자 숙제를 마치는 재훈이와 어영부영 시간을 보내다가 뒤늦게 숙제를 시작하는 현오의 이야기를 해보겠습니다. 현오에게 숙제를 하는 것은 무척 어려운 일입니다. 숙제를 시작하기 위해서는 숙제를 하고 싶은 마음이 몸을 움직여야 하는데, 뒹굴고 싶은 마음과 만화책 보고 싶은 마음이 더 큽니다. 현오의 몸을 반대 방향으로 잡아당기죠. 너무너무 하기 싫은 마음에도 불구하고 의지로 숙제를 마치면서 사는 것은 대항하고 투쟁하는 삶을 사는 것입니다. 이렇게 매일 애쓰는데도 불구하고 잔소리와 핀잔을 듣습니다. 여기에 너무 많은 힘을 쓰느라 현오의 정신 에너지는 늘 부족합니다. 현오에게 학교 숙제 외의 추가 활동에서 두각을 나타내거나, 글쓰기 숙제를 위해 좋은 아이디어를 내놓는 것은 너무 높은 산입니다. 눈앞의 숙제 한 장도 버거우니까요.

매일 하교 후 바로 숙제하는 것에 익숙한 재훈이는 다릅니다. 초등학교 1학년부터 차곡차곡 쌓아 올린 습관은 재훈이에게 물 흐르듯 자연스러운 일과를 제공합니다. 오히려 집 안의 곳곳의 요소들은 재훈이의 행동을 도와주는 것만 같습니다. 현오의 소파는 현오의 몸을 눕도록 끌어당기지만, 재훈이의 책상은 재훈이가 자연스럽게 공부방으로 들어가 앉도록 손짓합니다. 숙제에 필요한 책은 눈 감고도 집을 수 있는 위치에 놓여 있습니다. 언제나 거기에 놓아두니까요. 재훈이는 숙제를 마치고 산뜻한 기분으로 친구와 만나 농구를 합니다. 취미로 배우기 시작한 기타 연습도 조금 합니다. 집에서도 학교에서도 성실한 학생으로 인정받습니다. 재훈이라고 언제나 숙제가 즐거운 것은 아닙니다. 하지만 중요한 것은 재훈이는 하기 싫은 날에도 책상에 앉는다는 것입니다. 일단 앉으면 '그냥' 숙제를 하게 됩니다. 빙상장의 김연아 선수처럼 말이에요.

오랫동안 반복해서 몸에 익은 일은 어렵지 않습니다. 물론 재훈이가 높은 의지력을 갖고 있을 수도 있습니다. 하지만 공부를 좀처럼 하지 않는 친구들이 생각하는 것만큼 강철 같은 의지력을 갖고 있는 것은 아닌지도 모릅니다. 오히려 재훈이는 큰 유혹을 몸을 맡기지 않는 것에 더 가깝습니다. 자신의 의지를 시험하지 않는 것이죠. 휴식 먼저, 게임 먼저 한 뒤에 숙제를 하려는 모험을 군이 끼워 넣지 않습니다. 숙제를 할 때 재훈이가 느끼는 괴로움은 현오의 괴로움과는 크기가 다릅니다.

습관의 가장 큰 힘은 애쓰지 않고 행동하는 것에 있습니다. 습관은 오히려 의지력의 반대편에 서 있는 말입니다. 공부 잘하는 아이에게는 그들이 만들어놓은 단단한 습관들이 있습니다. 쉬는 시간에 다음 수업을 미리 준비하는 습관, 수업 시간에 선생님 말씀에 귀 기울이고 필기를 잘하는 습관, 해야 할 공부를 미루지 않고 끝내는 습관, 시험에 대비하는 습관 등이 그것이죠. 물론 습관이 있다고 해서 공부가 식은 죽 먹기가 된다는 뜻은 아닙니다. 하지만 내내 공부를 안 하던 아이가 이것을 당장 따라 하려면 훨씬 더 큰 고통이 따른다는 것만은 확실합니다.

습관은 똑같은 일을 하기 위해 필요한 의지력의 양을 줄여주기 때문에 더 많이, 더 자주, 더 오래 할 수 있게 해줍니다. 그러니 공부 잘하는 아이의 드높은 의지와 특별한 비법을 부러워하기보다는, 습관 만들기에 집중하세요. 공부는 열심히, 많이, 그리고 무엇보다 꾸준히 하는 아이가 잘합니다.

채소보다 초콜릿을 먹으면 더 행복하다는 착각

네 살 원준이를 키우는 미은 씨는 아이의 짜증과 떼가 감당이 잘 안 됩니다. 아침마다 등원 전쟁에, 밥시간마다 회유와 협박을 거듭합니다. 미은 씨는 화내지 않고 훈육하고 싶어 저와 만나게 되었습니다. 이야기를 나누다 보니 저는 한 가지 문제를 먼저 해결해야겠다고 생각했습니다. 바로 늦게 자는 미은 씨의 수면 습관이었습니다. 워킹맘인 미은 씨는 늘 바쁩니다. 아침 일찍 아이를 등원시키고 바로 출근했다가 저녁에 아이를 어린이집에서 데리고 집에 들어오면 다시 숨 가쁜 육아가 시작되지요. 아이를 먹이고, 씻기고, 조금 놀아준 뒤 재우면 그제서야 조용한 시간이 찾아옵니다. 그 시간이라고 늘 쉬는 것도 아닙니다. 남은 업무를 하거나 산처럼 쌓인 옷을 개키거나. 자정이 되어서야 자리에 누워 드라마를 보거나 SNS를 합니다. 그 시간조차 필요한 물건을 주문하는 온라인 쇼핑에 써야 할 때도 있습니다.

"무조건 11시에는 잡시다. 그렇지 않으면 여기서 헤어 나올 수 없어요."

"밤 시간을 포기할 수가 없어요. 혼자만의 시간도 좀 즐기고 싶어요."

"오, 저도 알지요. 그 시간이 얼마나 달콤한지. 그래도 한번만 해봅시다. 속는 셈 치고. 우리가 이렇게 만났는데 무라도 뽑아야 하지 않겠어요?"

긴 시간을 설득한 끝에 미은 씨는 일찍 잠들기를 시도했습니다. 11시까지는 할 일을 끝내고, 11시 반에는 눕기로 했죠. 스마트폰을 멀찌감치 놓고 어두운 방에 눕습니다. 늘 피곤하고 잠이 부족했기에 잠들지 못할 이유가 없었지요. 일주일이 지나자 미은 씨는 눈을 빛내며 말했습니다.

"짜증이 덜 나요! 아침에 가뿐하게 일어나니까 확실히 기분도 좋고, 시간에 쫓기지 않을 수 있어서 아이에게 화도 덜 나는 것 같고요. 이제 아이에게 필요한 것을 차분히 가르칠 준비가 된 것 같아요."

하지만 혼자서 즐기던 휴식에 미련이 사라지진 않았습니다. 미은 씨가 흥미로운 질문을 던집니다.

"박사님은 일찍 잠들면 시간이 아깝지 않으세요?"

한때는 저도 밤에 즐기는 꿀 같은 휴식을 놓기 싫었던 적이 있었습니다. 아이가 없던 시절에는 밤늦도록 논문을 쓰고, 주말에는 친구들과 흥청망청 노는 대학원생이었기 때문에 더더욱 바꾸기 어려웠죠. 하지만 지금은 최대한 규칙적인 수면 패턴을 유지하려고 합니다. 큰 비결은 없습니다. 좋은 아침을 맞이하는 꿀맛도 알아버렸거든요. 이제는 새벽까지 스마트폰을 붙들고 있는 것보다 다음 날 아침에 웃으며 아이들을 깨울 수 있는 것이 더 소중합니다. 가끔 그렇게 하지 못한 날은 아쉽고 후회가 남습니다. 그래서 자신 있게 미은 씨에게 말할 수 있었습니다.

"조금만 더 경험해보세요. 이전으로 돌아가는 게 더 어려울 거예요."

좋은 습관은 관점을 바꿉니다. 역사상 최고의 쿼터백으로 꼽히는 미식축구 선수 톰 브래디는 《TB12 생활법(The TB12 Method)》이라는 책에서 본인의 건강 관리 방법들을 소개했습니다. 매일 아침 5시 30분에 일어나고, 몸에 좋은 것들이 잔뜩 들어 있는 야채 주스를 마신다고 합니다. 하루에 여러 차례의 운동을 하고, 점심과 저녁 식사 역시 건강식으로 챙겨 먹습니다. 이게 무슨 재미없는 삶인가요?

그는 아마 알고 있었을 거예요. 자신의 행복은 혀끝에서 녹는 설탕과 기름의 맛에 있지 않고, 최고의 기량을 발휘하는 경기에 있다는 것을요. 실제로 브래디는 '생선과 채소, 블루베리를 먹으면 행복하다'고 했다고 합니다. 그리고 그는 46세까지 현역으로 활동하고 전설적 기록을 남긴 선수가 되었지요.

습관은 행복의 기준을 바꾼다

대학생들을 대상으로 패스트푸드 섭취를 조사한 미국의 연구에 따르면, 평소 패스트푸드를 즐겨 먹는 학생들은 자신이 얼마나 패스트푸드를 먹고 싶은지와 관계없이 습관에 따라 사 먹는다고 합니다. 먹고 싶을 때도, 별로 먹고 싶지 않을 때도 저녁 무렵 친구들과 모여 패스트푸드점에 들러 끼니를 해결하고 오는 것이죠. 반면, 패스트푸드를 먹는 습관이 없는 학생들은 본인이 먹고 싶을 때에 먹고, 먹고 싶지 않을 때는 먹지 않았습니다. 즉, 건강한 식습관을 가진 학생들이 햄버거를 우걱우걱 먹고 싶은 열망을 참고 있는 것이 아니라, 패스트푸드를 자주 먹는 학생들이 굳이 먹지 않아도 될 때조차 계속 먹고 있다는 의미입니다.

뇌에는 가치를 평가하는 시스템이 있습니다. 가치의 평가는 여러 가지 요소의 영향을 받습니다. 과거의 경험도 중요하고, 함께 평가하는 선택지가 무엇인지도 영향을 미칩니다. 평가를 하는 시점의 환경에 따라서도 달라질 수 있죠. 그리고 당연한 이야기지만, 평가하는 사람에 따라서도 가치는 달라집니다.

습관은 뇌에게 무엇이 보통인지를 가르치고, 뇌는 무엇이 행복인지를 결정합니다. 우리는 좋은 습관이란 '초콜릿 시럽을 잔뜩 뿌린 달콤한 음료'를 먹고 싶은 충동을 억누를 때만 가능한 것처럼 생각하지만, 실은 누구나 초콜릿 음료를 먹고 싶어하진 않는 법입니다. 어쩌면 나는 초콜릿 음료를 굳이 먹고 싶지 않을 때조차 습관적으로 손에 음료를 들고 있는 것인지도 모릅니다. 이것이 없으면 불행하고 서글퍼질 것이라고, 녹색 스무디를 마시는 사람보다 내가 더 행복할 것이라고 착각하면서 말이에요. 알고 보면 녹색 스무디를 먹는 사람은 스무디를 통해 행복을 느낍니다. 그 행복은 초콜릿 음료만 먹는 사람은 결코 알지 못할 기쁨이겠죠.

좋은 습관은 우리가 삶을 평가하는 관점을 바꿉니다. 습관을 통해 우리 아이들이 좋은 선택을 고통으로 바라보지 않고, 행복으로 바라볼 수 있도록 해주세요.

모차르트의 뇌는 타고난 것일까

모차르트는 어린 시절 모두를 깜짝 놀라게 한 절대음감의 소유자로 유명합니다. 절대음감은 희귀하고, 당시는 어린이들을 위한 음악 교육이 발전하기 전이기 때문에 일곱 살의 모차르트가 악기 연주를 듣고 음을 척척 맞히는 것은 신동 소리를 들을 만한 신비로운 능력이었죠. 심지어 새 소리를 들어도 음계로 바꿀 수 있었다고 합니다. 과연 모차르트는 절대음감을 타고난 것일까요?

과학은 이미 절대음감을 갖기 위해서는 교육과 훈련이 필수적이라는 점을 보여주었습니다. 가장 중요한 증거는 절대음감을 갖고 있는 사람들은 모두 유년 시절부터 음악 교육을 받았다는 점입니다. 절대음감을 위해서는 반드시 음악적 훈련이 필요하고, 이 훈련이 어린 나이에 일어나야 합니다. 특정 나이까지 음악 훈련을 시작하지 않는다면 절대음감을 기르기는 어렵습니다.

성인이 되어서 훈련을 하면 음감을 향상시킬 수 있긴 하지만, 절대음감을 성공적으로 획득했다는 보고는 드뭅니다. (절대적 한계라고 볼 수는 없지만 최대한 유연하게 보자면 대략 만 9~12세, 좀 더 엄격하게 보자면 만 6세 전에 시작하는 것이 좋습니다.)

모차르트의 아버지는 연주자이자 음악 교사였다고 합니다. 음악 교육을 하기 위해 다양한 악기를 구비하고 있었고, 어린이를 위한 음악 교재를 집필하기도 한 열정적인 교육자였습니다. 이에 모차르트는 어린 나이부터 악기를 배우기 시작했지요. 만약 이른 나이부터 시작한 음악 교육과 풍성한 음악 자극이 없었다면 모차르트는 위대한 음악가가 될 수 없었을 뿐 아니라 절대음감도 가질 수 없었을 거예요. 물론 어려서부터 악기를 배운다고 해서 모두 모차르트가 되는 것은 아니지만, 가만히 놔두어도 천재 작곡가가 될 수는 없다는 것이죠. 인간의 뇌는 뛰어난 환경에 대한 적응력(adaptability)을 갖고 있기 때문입니다.

1990년대 이전까지만 해도 과학자들은 뇌의 신경 구조가 절대음감이 있는 뇌와 없는 뇌로 구분 지어져 태어나며, 우리의 능력은 그에 맞춰 결정된다고 생각했습니다. 모차르트의 뇌는 처음부터 절대음감을 갖고 있으므로 어려서부터 놀라운 일들을 할 수 있었으리라고 본 것이죠. 하지만 뇌과학이 발달할수록 우리의 뇌는 생각보다 훨씬 적응력이 뛰어나다는 것을 알게 되었습니다. 환경이 변하면 뇌가 변한다는 뜻입니다.

습관은 뇌를 바꾼다

뇌는 약 860억 개의 신경세포, 즉 뉴런을 갖고 있습니다. 수많은 뉴런은 다른 뉴런과 신호를 주고받으며 일하게 됩니다. 가장 재미있는 점은 뉴런들이 신호를 주고받는 네트워크는 사람마다 모두 다르게 발달한다는 것입니다.

뇌는 외부 환경을 경험하면서, 입력되는 자극에 맞추어 정보 처리 회로를 구성하기 때문입니다. 주어지는 자극에 따라서 뉴런 사이의 연결이 새로 만들어지기도 하고, 더 튼튼해지면서 신호 전달이 더 빠르고 효율적으로 처리되기도 합니다. 혹은 잘 사용하지 않는, 그래서 필요 없다고 판단되는 연결은 정리하기도 하고요. (시냅스의 가지치기라고 부릅니다) 이렇게 뇌가 스스로 신경 회로를 바꾸는 것을 신경 가소성이라고 부릅니다. 신경 가소성에 표어를 붙인다면 이렇게 표현해볼 수 있습니다.

필요한 뉴런은 튼튼하게
필요 없는 뉴런은 약하게

아이들이 한 행동을 습관화하는 것은 그 행동을 자동으로 처리할 수 있도록 새로운 뉴런 팀이 편성된다는 뜻입니다. 처음 자전거를 배우며 흔들흔들 앞으로 나아가는 아이와 씽씽 자전거를 타며 장애물을 부드럽게 피해가는 아이의 뇌는 다릅니다. 자전거 타는 법을 학습하는 과정에서 그에 필요한 역할을 하는 뉴런들이 함께 활성화되었고, 자주 함께 활성화되는 뉴런들은 '우리는 한 팀이구나'라는 깨달음을 얻고 서로의 연결을 강화합니다. 충분히 강화된 뒤에는 자전거 위에 올라타는 순간 자동으로 이 뉴런들이 손에 손을 잡고 일하게 됩니다. 학습 초기의 뇌와 훈련을 반복한 뒤 습관이 생긴 뇌는 같은 일을 하는 것 같지만, 전혀 다르게 움직입니다. 반복할수록 단단한 '자전거 뉴런 팀'이 구축되기 때문입니다.

이렇게 만들어진 '자전거 뉴런 팀'은 어지간해서는 잘 깨지지 않습니다. 저는 초등학교 이후로 자전거를 거의 타지 않았는데도, 미국 유학을 와서 넓은 캠퍼스를 돌아다니기 위해 자전거를 타니 두어 번 만에 곧잘 탈 수 있게 되더라고요. 15년 만의 재결합에도 자전거 뉴런 팀은 훌륭한 팀워크를 보여줍니다. 이것이 아이들에게 좋은 습관을 만들어주어야 하는 가장 중요한 이유입니다.

신경 가소성은 우리의 뇌가 성인이 되고도 계속 발전할 수 있다는 가능성을 보여주지만, 그렇다고 해서 유년기의 뇌 발달이 중요하지 않다는 뜻은 아닙니다. 유년기에는 언어나 운동 등의 기본적인 기능들의 습득이 활발하게 일어나고, 새로운 신경회로의 생성도 가장 활발합니다. 성년기나 노년기가 되면 신경 가소성은 떨어지고, 어떤 기능에 있어서는 제한됩니다. 절대음감의 발현처럼 말이에요.

뇌가 가장 활발하게 발달하는 시기에는 ① 새로운 연결을 만드는 것도 쉽고, ② 아직 사라지지 않은 뉴런의 연결을 사용할 수 있습니다. 하지만, 이 나이가 지나게 되면 ① 새로운 연결을 만드는 것이 어렵거나 불가능하고, ② 그러므로 이미 사라져 버린 뉴런의 연결 역시 재활용하기 어렵습니다.

아이들의 뇌는 아직 습관화된 행동들이 많지 않기 때문에 연결이 복잡하고 신호 처리가 효율적이지 못합니다. 앞으로 습관적 행동을 하나씩 장착하면서 자신만의 행동 시스템을 구축하게 됩니다. 아침에 일어나 세수하는 습관, 학교 가기 전에 옷을 입고 신발을 신는 습관, 학교에 다녀와 인사하는 습관, 자기 전 책을 읽는 습관들이 하나씩 생겨날 것입니다.

좋은 습관은 뇌가 좋은 행동을 애쓰지 않고, 행복하게, 자동으로 할 수 있도록 도와줍니다. 소리를 들으면 바로 음을 알 수 있는 뇌가 되기도 하고, 자전거를 쌩쌩 잘 타는 뇌가 되기도 합니다. 책을 쉽게 읽는 뇌가 되기도 하고, 스마트폰을 손에서 놓지 못하는 뇌가 되기도 합니다. 더 늦기 전에, 좋은 습관이 뇌를 발달시키고 뇌 발달이 다시 좋은 행동을 만드는 선순환의 과정에 올라타시길 바랍니다.

04

4~11세,
스스로 해내는 힘을 키우는 시기

부모가 줄 수 있는 가장 큰 선물은 습관

세 살 버릇이 여든 간다고 하죠. 우리 조상님들은 이미 모든 것을 알고 있었나 봅니다. 심리학이나 뇌과학 등이 습관 형성의 원리를 파헤치기 훨씬 전부터요. 할아버지의 할아버지들 말대로 세 살 버릇을 잘 만드는 것이 이 책에서 이야기하고자 하는 것입니다. 저는 만으로 3세부터, 한국 나이로 따지자면 4세부터 11세까지, 대략 아이들이 어린이집이나 유치원을 다니기 시작할 무렵부터 사춘기에 접어들기 전까지를 가정에서 기본 습관 만들기에 집중해야 할 시기로 생각합니다.

빠른 속도로 뇌가 발달하고, 사회생활의 기본기를 익히는 나이이며, 무엇보다 가정 환경의 영향력이 큰 나이이기 때문이에요. 평생 사용할 행동 도구를 만들어가는 시기에 부모가 줄 수 있는 가장 큰 선물은 좋은 습관을 만들어 주는 것입니다.

새로운 습관을 만드는 것도, 이미 갖고 있는 습관을 바꾸는 것도 어릴수록 쉽습니다. 이 책을 읽는 분들은 대부분 성인이시겠지요? 안타깝지만 우리는 습관을 만들거나, 있는 습관을 없애기가 좀 더 힘듭니다. 몸도 뇌도 지금까지의 행동에 맞추어져 있으므로 새롭게 무언가를 하자면 (불가능한 것은 아니지만) 아무래도 좀 더 수고스럽지요. 하지만 아이들은 아직 뇌가 형성되고 있는 시기이기 때문에 훨씬 더 희망적입니다. 나중에 나쁜 습관을 고치느라 고생하는 것보다는 처음부터 좋은 길을 닦아두는 것이 당연히 더 좋습니다. 흔히 아이들의 뇌는 스펀지처럼 빨아들인다고 하지요? 신경 가소성의 법칙을 생각하며, 좋은 것을 쑥쑥 빨아들이도록 해줍시다.

학습 능력의 기반을 다지는 때

만 3세쯤을 기점으로 아이들의 뇌 발달은 양상이 달라집니다. 뉴런을 많이 만들고 가지를 뻗어나가던 확장적 뇌 발달이 차츰 속도가 느려지고, 중요한 신경 회로를 가다듬는 형태의 뇌 발달이 활발해집니다. 습관이 만들어지는 과정이 여기에서 신경 회로 다듬기에 중요한 역할을 합니다. 아이의 뇌가 무엇을 더 잘하는 뇌가 될 것인지를 결정하거든요. 선생님 말씀에 집중을 잘하는 뇌가 될 것인지, 눈을 피해 딴짓을 잘하는 뇌가 될 것인지 말이에요. 이 시기에 만든 좋은 학습 습관과 배움에 임하는 태도가 이후의 학업 성취로 연결됩니다.

잘 먹고 잘 자고 잘 놀아야 뇌가 발달한다

신체 발달에 따른 일과 패턴 변화가 줄어듭니다. 신생아부터 만 2세 정도까지는 아이들의 일과가 끊임없이 바뀌는 것이 보통입니다. 낮잠의 횟수나 밤잠 시간이 바뀌고, 고체 음식을 먹게 되고, 걸어 다니거나 이가 나는 등의 큰 변화를 겪을 때마다 아이들의 일과도 함께 바뀝니다. 3세부터는 대부분의 일과가 안정적으로 자리를 잡죠. 아이에게 루틴의 감각을 심어주고, 건강한 하루의 구조를 잡아주세요. 이때 만들어지는 식습관, 수면 습관, 운동 습관, 위생 습관 등은 뇌 기능의 발달을 탄탄하게 만들어줍니다. 뇌 발달뿐 아니라 비만, 당뇨, 수면 장애 및 정신 건강에도 큰 영향을 미치니 꼭 챙겨야 해요.

사회적 뇌가 피어난다

유치원부터, 혹은 이후 초등학교부터 아이들은 단체 생활을 시작하며 규칙적인 활동에 참여하고 사회적 규범을 배우기 시작합니다. 나를 사랑해주기만 하던 가족의 품을 벗어나 진짜 사회생활에 뛰어드는 것이죠. 이 과정에서 아이들은 생각하고 말하는 습관을 차츰 갖추게 됩니다. 아이들은 본래 타고난 특성에 더해 생활 태도와 학습 습관, 자기 조절과 감정 조절, 친구를 사귀는 방법이나 친구 관계에서 갈등을 해결하는 방법 등을 익히며 성격을 형성하게 됩니다. 습관은 정직, 책임감, 성실성, 배려, 인내심과 같은 성격적 특징의 바탕이 되고, 이는 다시 아이가 친구들과 잘 어울려 놀거나 학교에 잘 적응하는 것, 혹은 갈등을 해결하거나 하기 싫은 일이라도 끝까지 하는 것 등에 영향을 미칩니다.

청소년기를 위한 독립을 준비하라

청소년기에는 아이들이 꼭 해야 될 일들이 있습니다. 지금까지의 삶에 의문을 던지고, 권위에 대항하며, 또래 친구들을 무엇보다 중요하게 여기면서 자기의 삶에서 주체성을 찾아가는 것이죠. 쉽게 말해 엄마 말 듣는 것이 예전 같지 않다는 뜻입니다. 예전에는 신나는 동요를 틀고 엉덩이춤을 추며 엄마가 먼저 장난감을 정리하면 아이도 깔깔 웃으며 따라 했지만, 이제는 방 치우라고 말만 꺼내도 내가 알아서 한다며 가자미눈을 뜨고 방문을 닫아버릴 수 있습니다.

10대 아이들의 뇌는 두 번째로 큰 변화를 겪으며 성인이 될 준비를 하는 기간입니다. 청소년기를 맞이하는 부모 역시 성인에 접어드는 아이들에게 더 많은 자유를 허락하고, 든든한 지원군이 되는 연습이 필요합니다. 그러니 사춘기 전에 기본적인 습관들을 완성해두세요. 그래야 작은 일을 두고 실랑이하기보다 그 시기에 더 필요한 것에 집중할 수 있을 테니까요.

2장

뇌에게
습관을
가르쳐라

01

뇌는 어떻게
습관을 배울까

아이의 뇌는 경험을 통해 배운다

아이들에게 좋은 습관을 심어주기 위해서 어떻게 해야 할까요? 뇌에서 습관이 만들어지는 과정은 이렇습니다. 습관은 한마디로 경험을 통한 학습으로 생겨납니다. A 상황에서 B라는 행동을 했더니 C라는 좋은 결과가 나오더라는 경험을 하고, 이 경험이 뇌에 축적되는 것이 학습이지요. 뇌에 학습이 되면 A라는 상황을 맞닥뜨렸을 때 B라는 행동을 자동적으로 하게 됩니다. 학습 과정이 뇌에서 일어나는 방식을 이해하면 새로운 학습이 일어나도록, 즉 새로운 습관이 생기도록 도와줄 수 있겠지요?

아주 오래된 실험 이야기부터 시작해보겠습니다. 바로 '스키너의 상자'입니다. 스키너의 상자는 말 그대로 상자 모양 우리에서 실험을 합니다. 스키너의 상자 실험에 참여하는 쥐를 소개할게요. 이름은 동원이입니다. (당시 〈늑대의 유혹〉이라는 영화가 대단히 흥행했기 때문에 배우 강동원 님의 이름을 따서 지어주었지요.) 동원이는 원래 주기적으로 먹이통의 먹이를 먹었지만 어쩐 일인지 며칠 동안 먹이를 먹지 못했습니다. 매우 배가 고픕니다. 연구자가 배고픈 동원이를 새로운 상자에 넣어줍니다. 텅 빈 상자의 저 끝에는 레버가 놓여 있습니다. 동원이는 쥐의 습성에 따라 새로운 환경을 탐색하기 시작합니다. 코를 찡긋거리며 여기저기 쏘다닙니다. 튀어나와 있는 레버는 유독 눈에 띕니다. 가서 슬쩍 건드렸더니 '달칵' 소리가 나며 아래의 먹이통에 사료가 한 알 떨어집니다. 배고픈 동원이는 허겁지겁 먹습니다. 또다시 여기저기 쿵쿵대다가 레버를 건드립니다. '달칵' 소리와 함께 사료가 떨어집니다. 동원이는 몇 번의 시도 끝에 레버를 누르면 먹이가 나온다는 사실을 발견합니다. 다음 날이 되자 동원이는 다시 상자에 들어가 실험을 반복합니다. 실험이 지속될수록 동원이는 망설이지 않고 레버로 달려갑니다. 레버를 누르고 먹이를 먹습니다.

동원이가 스키너의 상자에서 레버를 누르는 법을 깨우치기까지는 3~4일밖에 걸리지 않았습니다. 다음 단계에서는 각자 자유롭게 새로운 행동을 가르치는 실험을 해보았습니다. 레버를 누르면 먹이를 주는 것과 같은 방식으로 훈련을 시키자, 6일 만에 동원이는 작은 링을 통과하는 묘기를 부리는 데에 성공했습니다. 스키너의 상자는 간단한 관계를 제시합니다. 행동을 하면 보상이 나온다는 것입니다. 동원이는 레버를 누름으로써 먹이를 받았습니다.

경험이 반복되면 습관이 된다

하지만 이 일이 한 번만 일어난다면 학습은 일어나지 않습니다. 레버를 한 번 눌렀을 때 먹이가 나왔지만, 그다음엔 나오지 않는다면 둘 사이의 관계가 모호해집니다. 누를 때마다 먹이가 나온 것으로 동원이는 확실히 관계를 배우고, 점점 더 레버를 많이 누릅니다. 특정 행동을 했을 때 보상이 주어지면 그 행동을 더 자주 하게 되는 원리를 강화(reinforcement)라고 합니다.

    이렇게 행동과 결과의 관계를 통해 행동이 조절되는 학습의 원리를 '조작적 조건화(operant conditioning)'라고 부릅니다. 조작적 조건화는 매우 기본적인 학습의 원리로 동물부터 인간까지 다양한 학습자에게 적용됩니다. 이 원리를 이용하여 원하는 행동을 학습시키는 것은 이미 많은 분야에서 일어나고 있습니다. 강아지가 코 앞의 간식을 먹지 않고 주인의 명령을 기다리게 만들거나, 돌고래를 길들여 점프하게 만들 수도 있고요. 시험 성적에 따라 상을 주는 학교, 올해 자동차를 얼마나 많이 팔았는가에 따라 영업 사원들에게 상여금을 다르게 지급하는 회사, 열 잔을 먹으면 커피 한 잔을 무료로 주는 커피숍까지! 모두 조작적 조건화를 통해 행동을 강화하는 것이랍니다.

도파민, 습관 형성의 비밀 무기

    이 학습 메커니즘을 가능하게 하는 일등 공신은 바로 보상입니다. 보상이 없는 반복으로는 메커니즘을 완성시킬 수 없습니다. 그 유명한 '도파민' 때문입니다. 행동에 따른 보상이 주어질 때 뇌에서는 도파민이 분비됩니다. 도파민은 신경의 활동을 조절하는 신경전달물질입니다. 인터넷 세상에서는 도파민을 쾌락과 흥분의 마약처럼 표현합니다. 하지만 도파민은 우리의 적이 아닙니다. 학습에 없어서는 안 될 존재이지요.

도파민은 보상의 예측에 관여합니다. 정확하게는 예측이 어긋났을 때 더 강한 신호를 보냅니다. 이 신호가 학습의 열쇠입니다. 생각해보면 간단합니다. 모든 것이 나의 예상대로 벌어진다면 굳이 배우지 않아도 되니까요. 동원이가 처음 레버를 누르고 먹이를 받았을 때, (먹이가 나온다는 사실을 아직 모르기 때문에) 예상치 못한 보상이 주어졌기 때문에 도파민이 많이 분비되었고 이는 행동과 보상의 관계를 더 잘 배우게 만들었습니다.

도파민은 뇌를 더 빨리 변하게 합니다. 뉴런이 자극을 받으면 전기 신호를 만들고, 이 신호는 말단에서 신경전달물질을 분비합니다. 이것을 발화(firing)라고 합니다. 신경 가소성의 가장 흔한 방식은 한 뉴런이 발화할 때 다음 뉴런이 함께 발화하고, 둘이 연달아 발화하는 뉴런들끼리는 연결이 강해지는 것입니다. 이때 도파민은 뉴런 사이의 강화를 촉진하는 역할을 합니다. 예상치 못한 보상이 도파민을 분비시키면 그 시점에 함께 발화한 뉴런들 사이의 연결이 강화되면서 이 행동을 할 수 있는 신경회로를 튼튼하게 만드는 것이죠. 도파민은 동원이가 레버를 다시 누르도록 부추길 뿐만 아니라, 레버를 누르는 데에 필요한 신경세포들을 튼튼하게 연결하여 뇌를 바꾸어놓습니다. 이렇게 뇌가 변하면 동원이는 '레버 누르는 뇌'를 갖게됩니다.

조작적 조건화를 아이들의 습관 형성에 적용하기 위해서는 한 가지 더 생각해볼 점이 있습니다. 우선, 동원이가 실험을 통해 레버 누르기를 학습했다고 해서, 언제 어디서나 배고프면 누르기 행동을 하지는 않는다는 것입니다. 동원이는 스키너의 상자에 들어갔을 때 레버를 누르면 먹이를 받습니다. 나중에는 스키너의 상자에 들어가자마자 레버로 달려갑니다. 즉, 동원이는 스키너의 상자라는 상황의 신호를 받아 행동을 시작하게 됩니다. 초록불이 켜지면 출발하듯이요. 전체 행동을 이렇게 그려볼 수 있습니다.

자, 습관 형성의 메커니즘이 완성되었습니다. 이것을 습관의 고리라고 부르겠습니다. 우리는 이제부터 이 습관의 고리를 이용해서 아이들에게 행동을 가르칠 것입니다.

02

습관을 만드는
마법의 5단계

습관이 형성되는 메커니즘은 사건이 일어나는 순서대로 '신호-행동-보상-반복'이지만, 새로운 습관을 만들 때는 조금 순서를 바꾸는 게 좋습니다. 어떤 행동을 할 것인지 '행동'을 먼저 고르고, 신호와 보상을 선택하는 것이죠. 자연스럽게 형성된 습관은 원래부터 연결된 신호와 보상을 갖고 있지만, 우리가 의도적으로 습관을 만들 때는 습관으로 만들고 싶은 행동이 무엇인지를 정하고, 그에 맞는 신호와 보상을 배치하는 방식이 효과적입니다. 머릿속에 우리 아이에게 심어주고 싶은 습관을 하나 떠올려보세요. 그리고 아래의 순서대로 습관 메커니즘을 만들어봅시다.

우리 아이에게 습관으로 만들어주고 싶은 것은 무엇인가요? 목표를 잘 정하는 것은 올바른 방향으로 항해할 수 있도록 도와주는 등대와 같습니다. 좋은 길을 찾기 위해서는 명확한 목적지가 있어야 하지요. 습관을 만드는 과정에는 많은 공이 들어가고, 한번 만들어진 습관은 없애거나 되돌리기 어렵습니다. 그러니 어떤 방향으로 갈 것인지를 생각해보는 과정은 필수적입니다.

목표는 여러 형태일 수 있어요.

첫째, 목표는 아이에게 필요한 것입니다. 아이가 살아가면서 지녀야 할 가치, 아이의 인생을 도와줄 교훈, 혹은 아이에게 기대되는 행동 방향입니다. 이것들은 많은 요인들을 통해 정해집니다. 예를 들면, 어느 문화권에 살고 있는지에 따라 중요하게 생각하는 가치가 달라집니다. 집단주의 문화인 한국의 가정은 개인주의 문화인 미국의 가정보다 다른 사람과의 어울림을 중요하게 가르칠 가능성이 높습니다.

둘째, 아이가 겪는 문제를 해결하는 것입니다. 아이가 지속적으로 겪는 어려움이 있다면 도움이 필요할 것입니다. 문제를 해결하기 위해서는 그 문제를 관찰하고 원인을 파악하는 단계가 있어야 합니다. 이 과정에서 전문가의 도움이 필요할지도 모릅니다. 나 혼자서 문제를 잘 정의하기 어렵다면 도움을 받을 수 있는 전문가를 찾아보세요.

셋째, 아이가 원하는 것입니다. 악기 연주를 잘하고 싶어 할 수도 있고, 인기 있는 학생이 되고 싶을 수도 있죠. 당연히 부모는 아이에게 알려주고 싶은 것들이 많습니다. 하지만 모든 것을 한꺼번에 다 알려주긴 어렵습니다. 시간을 두고 무엇을 먼저 시도하면 좋을지 생각해보세요. 아래의 질문들을 함께 생각해보시면 좋습니다.

- 우리 가족에게 중요한 가치인가?
- 문화적으로 중요한 가치인가?
- 인간으로서 배워야 할 가치인가?
- 우리 아이에게 꼭 필요한 것인가,

  아니면 다른 사람들의 말에 휩쓸려 강요하는 것인가?
- 이것을 가르치는 것이 아이를 존중하고 사랑하는 방법인가?
- 지금 꼭 해결해야 하는 문제인가,

  아니면 아이가 좀 더 클 때까지 두고 봐도 괜찮은 것인가?
- 우리 아이가 진심으로 원하는 것인가?

  나는 그 결정을 지지하는가?

습관으로 만들고자 하는 행동을 타깃 행동이라고 부르겠습니다. 처음부터 하나의 타깃 행동을 바로 정해야 하는 것은 아닙니다. 여러 행동 옵션을 생각하고 그중에 선택하는 방법이 더 좋습니다. 좋은 행동을 고르기 위해 리서치를 해보는 것도 좋습니다. 책, 논문, 기사, 육아 관련 강의 등 주변 사람들이나 믿을 만한 자료를 참고하세요. 온 가족이 모여 상의하고, 부모가 일방적으로 정해주기보다는 아이와 함께 고민하면 더 좋아요. 대화를 통해 아이와 함께 타깃 행동을 고르면 아이도 실천 의지가 더 올라갑니다.

타깃 행동을 고를 때에는 몇 가지 주의 사항이 있습니다.

첫째, 내가 목표로 하는 것과 일치하는 행동을 골라야 합니다. 당연한 이야기 같지만, 많은 분이 여기에서 실패합니다. 예를 들어 많은 부모님이 아이들에게 독서 습관을 만들어주고 싶어 합니다. 그래서 독서 관리를 해주는 학원을 등록하거나, 하루에 몇 권씩 읽고 문제를 풀어야 하는 온라인 프로그램을 시작합니다. 왜냐하면 '책을 읽고 있다'는 기분이 들기 때문입니다. 하지만 부모님께 진정으로 아이에게 바라는 것이 무엇인지를 물어보면 "아이가 책을 즐기면 좋겠어요. 책을 좋아하는 아이로 키우고 싶어요"라고 대답합니다. 그러면 제가 반문합니다.

"독서 학원이 책을 좋아하게 만들어주고 있나요?" 자신 있게 "네!" 하고 답할 수 없다면 우리는 길을 잘못 들어선 것입니다. 돌아 나오세요.

둘째, 행동이 간단해야 합니다. 원하는 행동을 작게 쪼개고 쪼개어 하나를 고르세요. '언제 어디서나 책을 읽는 아이'는 너무 먼 미래의 일입니다. '하루에 10분 읽기'부터 시작해야 합니다. 일단 작은 행동 하나에 성공한 뒤, 그다음으로 발전시키는 기예요.

셋째, 아이가 통제할 수 있는 것으로 고르세요. '친구 많이 사귀기'는 나 혼자 노력한다고 되는 것이 아닙니다. 친구를 사귀는 것은 내 의지로 되는 것이 아니지만, 아침에 짝꿍에게 인사를 하는 것은 내가 노력해서 달성할 수 있습니다. '시험 백점 맞기'도 마찬가지입니다. 점수 자체는 습관이 될 수 없습니다. 하루에 20분씩 복습하는 것이 아이가 통제할 수 있는 일입니다.

넷째, 아이의 능력에 맞는 행동을 고르세요. 지금까지 공부를 안 하던 아이가 매일 2시간씩 혼자서 책상에 앉아 집중할 수는 없습니다. 약간 노력하면 70~80퍼센트 정도 성공할 수 있는 수준의 행동을 먼저 타깃으로 하세요.

·3단계· 보상의 힘: 보상이 없으면 반복도 없다

보상은 행동에 따른 결과입니다. 타깃 행동을 했을 때 따라오는 '좋은 결과'이죠. 앞서 이야기했듯이 좋은 결과 없는 무한 반복은 습관을 만들기 어렵습니다. 도파민의 분비가 있어야 뇌가 더 잘 변화하니까요. 만약 행동에 따라오는 보상이 눈에 띄지 않는다면, 부모가 의외의 좋은 결과를 제공하여 아이의 행동을 강화하세요. 보상의 기술은 이후에 더 자세히 설명하겠습니다.

·4단계· 신호 주기: 행동의 방아쇠 당기기

명확한 신호를 선정하는 것은 습관 설계의 백미입니다. 우리가 가지고 있는 습관의 대부분은 아마도 자연스럽게 형성된 것들일 거예요. 아침에 일어나서 화장실을 가면서 내가 어떤 '신호'에 의해 움직인다는 사실을 인식하기는 좀 어렵습니다. 하지만 알고 보면 다양한 신호들이 우리의 행동을 움직입니다. 잠에서 깨어나 일어났을 때, 침대 옆에 슬리퍼가 놓여 있다면 자연스럽게 신고 걸어갑니다. 우리가 아침에 물을 마시는 순간은 언제인가요? 부엌에 들어서 컵을 들었을 때입니다. 어쩌면

그때 목이 마르다고 생각할지도 모릅니다. 하지만 돌이켜 보면 의아하지요. 똑같은 아침 시간인데 부엌에 들어서기 전에는 목이 마르지 않다가 냉장고 앞을 지나가자마자 목이 마를 리는 없으니까요.

신호는 여러 가지가 될 수 있습니다. 장소, 시간, 사람, 혹은 다른 행동이 되기도 합니다. 이 행동을 언제, 어디서, 어떤 방식으로 시작해야 할지 고민하고 어울리는 신호를 배치하세요. 신호는 쉽게 유지가 가능해야 합니다. 신호를 준비해두는 것 자체가 복잡하고 어렵다면 아마도 실패할 것입니다. 의지를 너무 믿지 마세요.

신호와 타깃 행동의 연결은 한 번에 잘되지 않을 가능성이 높습니다. 운동을 '아침 식사 뒤에' 하는 것에 계속 실패했다면 '오후 3시에 알람이 울리면' 하는 것으로 바꾸어 보세요. 집에 들어서서 옷을 갈아입은 뒤 손 씻는 것을 자꾸 잊는다면, 옷을 갈아입기 전에 손을 먼저 씻을 수도 있어요. 마치 퍼즐을 푸는 것처럼 이 조각을 여기에 맞출까, 저기에 맞출까, 이리저리 움직여보는 거예요. 신호를 배치하는 과정이 재미있다고 생각할수록 여러분은 습관 설계의 달인이 될 것입니다.

습관은 자동화된 행동입니다. 만약 집으로 들어와서 '무엇을 해야 하지?'라고 고민한 뒤에 옷을 갈아입을지, 아니면 손을 씻을지 중에 하나를 선택한다면 이는 습관이라고 할 수 없습니다.

이 관계를 계속해서 반복하다 보면 어느 순간에는 어느 쪽이 더 편리한가에 대한 가치 평가는 필요가 없어집니다. 들어서는 동시에 욕실로 향하게 되죠. 이것이 자동화입니다. 여름에는 손을 먼저 씻는 것이 편했지만 겨울에는 외투 정리를 먼저 하는 것이 편할 수도 있습니다. 하지만 자동화가 일어난 뒤에는 이것을 바꾸는 것이 여간 쉽지 않습니다. '외투 먼저 걸어야지' 생각했는데도 불구하고 욕실에 들어서는 나를 발견하게 되죠. 얼마나 오래 반복해야 습관이 될지는 알 수 없습니다. 잘 설계된 습관 연결고리는 일주일 정도만 노력해도 학습이 될 수도 있고, 1년을 노력해도 부족한 경우도 있습니다. 중요한 것은 충분히 반복해야 습관이 된다는 것입니다.

다만 무조건 오래 반복하는 것만이 능사는 아닙니다. 오히려 재설계를 통해 습관 형성을 더 쉽게 만들어줄 필요가 있을지도 모릅니다. 처음 목표한 타깃 행동을 실행하는 것이 너무 괴롭기만 하다면, 기를 쓰고 이어가기보다는 설계를 수정하는 것이 더 나을 수도 있어요. 뒤에서 다룰 습관을 쉽게 만드는 기술들을 살펴보며 노력해도 자리 잡기 어려운 습관은 설계에 변화를 주세요.

- 2~3주 정도 실천했지만, 자꾸만 어딘가에서 걸리는 것 같다면 다시 수정하세요.
- 30분씩 책 읽기에 실패했다면 15분으로 줄여보세요.
- 그래도 실패한다면 5분이라도 읽어보세요.
- 일주일 내내 5분 읽기에 성공한다면 다음 주에는 10분을 목표로 하세요. 몇 분부터 시작했는가는 중요하지 않습니다.

목표에 맞는 행동을 '어쨌거나' 수행하고, 기뻐하고, 지속하는 것이 가장 중요합니다.

습관 설계 5단계

3장

쉽게
_____
습관을 만드는
_____
다섯 가지 비결
_____

01

시작하기 전에,
생각부터 바꾸기

도토리에서 상수리나무 숲을 보라

습관 형성은 한 사람을 만드는 과정입니다. 건강한 사람은 어떤 사람일까요? 아마도 꾸준하게 운동하고, 균형 잡힌 식사를 하며, 위생과 질병을 잘 관리하는 사람일 거예요. 친절한 사람은 배려하는 행동을 하고, 유쾌한 사람은 다른 사람들의 기분이 좋아지는 말과 행동을 합니다. 성실한 사람은 일을 미루지 않으며, 책임감 있는 사람은 문제를 회피하지 않습니다. 우리가 반복적으로 하는 행동들은 모이고 모여 우리가 누구인지를 결정합니다. 그것이 우리의 정체성입니다.

뇌 발달의 측면에서도 마찬가지입니다. 반복된 행동은 뇌가 그 행동을 더 효율적이고 성공적으로 수행할 수 있는 방향으로 신경 회로를 발달시킵니다. 예를 들면 읽기가 그렇습니다. 읽기는 태어날 때부터 뇌에 탑재되어 있는 기능이 아니라 학습을 통해 만들어지는 기술입니다. 그래서 아이들은 말하기나 걷기처럼 자연스럽게 읽기를 배울 수 없지요. 처음에는 읽기를 위한 신경 회로가 없기 때문에 여러 뉴런을 끌어모아 이 일을 수행하지만, 오랫동안 읽기를 훈련하면 함께 일하는 뉴런들끼리의 연결이 강화되어 '읽기 네트워크'가 탄생합니다. 읽기 네트워크가 얼마나 일을 잘하는가는 한 아이의 읽기 연습에 달려 있습니다. 많이 읽은 아이는 읽기 네트워크를 잘 발달시키고, 다른 아이들보다 더 잘 읽게 됩니다. 어느 순간, 이 차이는 다른 분야의 학습 능력에도 영향을 미치게 됩니다. 학년이 올라갈수록 텍스트가 길어지고, 의미를 이해하기 위해, 필요한 사전 지식이 많아지기 때문이죠. 충분한 읽기 경험으로 '잘 읽는 뇌'를 발달시킨 아이는 자신을 유능한 독서가로 인식하게 됩니다. 우리의 유능한 독서가는 남들보다 더 빨리, 더 많이, 더 쉽게 읽는 사람이 됩니다.

습관이 정체성을 만든다면, 그 반대도 가능할까요? 전 세계를 흔든 베스트셀러, 제임스 클리어의 《아주 작은 습관의 힘(Atomic Habits)》에서는 정체성이 습관 형성의 중요한 부분이라고 말했습니다. 진정한 변화란 결과의 변화가 아니라 정체성의 변화라고 강조했지요. 예를 들면, 아래와 같습니다.

목표는 '책을 읽는 것'이 아니라 '독서가가 되는 것'이다.
목표는 '마라톤을 하는 것'이 아니라 '달리기를 하는 사람이 되는
것'이다.

— 제임스 클리어의 《아주 작은 습관의 힘》 중에서

중요한 것은 정체성이란 내가 몇 권의 책을 읽었는지, 혹은
마라톤 대회에서 몇 등을 했는지로 정해지는 것이 아니라는 점
입니다. 정체성은 믿음입니다. 내가 어떤 사람인지에 대해 스스
로 가지고 있는 믿음이요. 이 믿음이 없이는 습관을 만들거나
바꾸기는 무척 어렵습니다.

모든 습관이 정체성을 만들지는 않습니다. 우리가 매일 이를
닦는다고 해서 스스로를 이 닦는 사람이라고 여기지 않듯이 말
이에요. 매일 커피를 마시면서도 나라는 사람을 생각할 때 딱
히 커피는 떠오르지 않는 사람도 있을 것이고, 주말 아침에만
커피를 마셔도 그 시간이 나에게 매우 중요한 의미를 갖는다면
나의 정체성에 일부가 됩니다. 아마도 커피를 즐기는 사람이라
는 정체성이 탑재된다면 그 후에는 커피에 대한 공부를 한다거
나, 주말마다 새로운 카페 탐방을 하는 등 이 정체성을 풍요롭
게 가꾸어줄 습관들을 추가하게 될 것입니다.

행동이 정체성을 만들 수 있다면, 정체성은 행동을 키울 수 있습니다. 바로 어떤 사람이 되고 싶은지에 맞게 행동하는 것이죠. 긍정적인 자아상을 가지고 작은 행동을 선택하는 거예요. 그리고 점차 내가 믿는 그 사람으로 변해가는 것입니다.

하버드 대학교의 심리학자인 로버트 로젠탈 교수는 사우스 샌프란시스코의 한 초등학교에서 교육 분야 역사에 길이 남을 실험을 하게 됩니다. 로젠탈은 학생들을 '하버드 학습 변화도 검사' 점수에 따라 평범한 학생들과 '급성장형(Growth Spurt)' 학생들로 구분한 뒤 교사들에게 그 결과를 통지합니다. 실험 기간이 지난 뒤, 급성장형 학생들은 보통의 학생들보다 높은 IQ 상승을 보입니다. 보통 학생들이 약 8점, 급성장 학생들이 약 12점의 상승세를 보였죠. 그런데 이 점수 검사는 가짜였고, 아이들은 무작위로 구분되었을 뿐이었죠.

여기서 끝이 아닙니다. 1학년부터 6학년까지 학년별로 IQ 상승 폭을 비교해보았더니, 1~2학년 아이들이 훨씬 변화의 폭이 컸다는 것입니다. 저자는 이 이유가 저학년 아이들이 아직 순응성이 높기(말하자면 뇌가 말랑말랑하기) 때문일 수도 있고, 저학년이 더 순응성이 높다는 것조차 교사들의 믿음이었을 수 있다는 점을 꼬집습니다. 더 많이 변할 수 있다는 믿음을 받으며 학교 생활을 한 아이들이 실제로 더 많은 성장을 했다는 것을 보여주는 것이죠. 이 실험은 피그말리온 효과(사람의 믿음, 기대,

예측이 실제로 일어나는 경향성)를 증명합니다.

하나의 습관을 만드는 것은 도토리를 심는 것과 같습니다. 도토리는 작고 보잘것 없지만, 오랜 시간 자라나면 커다란 나무가 됩니다. 크게 자란 상수리나무는 가을마다 수많은 도토리를 맺습니다. 도토리는 숲속 동물들의 겨울을 대비해줄 뿐 아니라 땅으로 떨어져 새로운 상수리나무의 싹을 틔웁니다. 새싹은 자라 나무가 되어 다시 도토리를 떨어뜨립니다. 산 아래 시골 마을을 둘러싼 커다란 상수리나무 숲은 모두 그렇게 만들어졌습니다.

정체성을 형성해가는 아이들을 키우는 부모로서 해야 할 일은 작은 도토리에서 큰 상수리나무 숲을 보는 것입니다. 지금은 비록 작지만, 미래에는 큰 숲이 되리라는 것을 먼저 믿어주는 것이지요. 자기 전 책 한 권을 읽는 아이의 눈빛에서 큰 생각과 꿈을 품은 사상가와 철학가를 발견해주세요. 동생에게 그네 탈 차례를 양보하는 아이의 말씨에서 세상을 아름답게 바꿀 리더의 목소리를 발견해주세요. 아이를 믿어주는 부모만이 커다란 숲을 키워냅니다.

아이에게 붙여둔 부정적 꼬리표 떼어내기

가장 먼저 해야 할 것은 내가 아이에게 붙여둔 부정적인 꼬리표를 떼어내는 것입니다. 안 좋은 습관은 아이들에게 별명을 붙입니다. 혼자서 뭔가를 하는 법이 없고 엄마 아빠만 찾는 아이를 '껌딱지'라고 부릅니다. 밥을 적게 먹게 먹는 아이는 '입이 짧다'고 이야기합니다. 한시도 가만히 있지 않고 돌아다니는 아이는 '산만하다'는 말을 듣습니다. 찡찡이, 떼쟁이, 겁쟁이, 잠보, 잠 없는 아이, 게으른 아이, 도대체가 말을 듣지 않는 아이! 차마 대놓고 흉은 볼 수 없고, 원망 반 귀여움 반을 섞어 붙여준 별명들.

안타깝지만 아이들에게 붙은 부정적 꼬리표는 그 행동을 강화하게 되고, 문제가 되는 행동을 수정하기 어렵게 만들어요. 엄마 껌딱지는 엄마를 찾을 수밖에 없습니다. 왜냐하면 그것이 엄마 껌딱지가 하는 일이기 때문에 그렇습니다. 잠이 없는 아이는 밤에 잠을 안 자고, 입 짧은 아이는 적게 먹습니다. 그것이 그 아이들의 정체성이기 때문입니다. 이 꼬리표는 아이 스스로를 부정적으로 여기게 만들고, 여기에서 벗어날 수 없으리라는 생각을 심어줍니다. 만약 지금까지 농담처럼 혹은 비난조로 이런 말들을 사용했다면, 오늘부터 바로 그만두시길 바랍니다.

한 가지 당부할 점은 아이를 믿고 긍정적인 자아상을 심어준다는 것이 우리 아이를 전혀 다른 사람처럼 취급하라는 뜻은 아니라는 것입니다. 펭귄에게 '너는 날 수 있다'고 아무리 말해 봐야 날 수 있는 것이 아니듯이, 우리 아이에게 자신이 아닌 다른 사람이 되기를 당연하게 요구해서는 안 됩니다. 현재의 모습에서 전혀 다른 이름을 들이미는 것도 큰 효과는 없을 것입니다.

아이에게 좋은 자아상을 심어주는 것은 현재 우리 아이가 가지고 있는 것에서 긍정적인 미래를 발견할 수 있도록 도와주는 것입니다. 기질적으로 예민한 아이는 평온하고 느긋한 아이가 될 가능성은 적습니다. 부모가 믿어준다고 1년 뒤에 아이의 예민함이 사라지는 일은 없습니다. 아마도 아이는 계속해서 물컹한 식감은 편식을 할 것이고, 옷감이 거칠면 입지 않을 것입니다. 다른 아이들보다 좀 더 보채거나 요구 사항이 많을 가능성이 높습니다. 이런 아이들에게는 까칠이, 찡찡이, 떼쟁이라는 말이 쉽게 붙습니다. 크게 우는 아이의 요구를 들어주고 뒤돌아서며 한숨을 쉬는 부모의 등을 볼 때, 아이는 스스로가 부모를 힘들게 하는 아이라는 생각을 키우게 됩니다.

하지만 이 아이는 '섬세하고 꼼꼼한' 아이가 될 수 있습니다. 작은 차이를 알아차리는 능력을 갖췄기 때문에 삶을 더 풍요롭게 감상합니다. 자신을 섬세한 존재로 생각하는 아이는 여름 노을과 가을 노을이 달라지는 것을 느낄 수 있습니다. 길가의 작은 꽃 한 송이가 피어나는 것도 놓치지 않고 그 아름다움을 즐길 수 있습니다. 이 아이는 자기 자신이 언제 불편하고 언제 만족스러운지 남들보다 잘 알아차립니다. 작은 차이에도 민감하기에 쉽게 만족하지 않습니다. 꼼꼼한 눈썰미와 예민한 입맛으로 높은 수준을 추구합니다. 그러니 자신을 잘 관리하고 삶을 가꾸는 방법을 배운다면 누구보다 다채롭고 성공적인 삶을 살 수 있는 가능성이 있습니다. 그러니 아이의 민감함에 감탄해 주세요. 까다로운 아이라는 부정적인 꼬리표를 떼어내고 예술가 혹은 미식가라고 불러주세요. 좋은 미래를 믿어주는 거예요.

유튜버가 구독자에게 '이름'을 붙이는 이유

사람의 정체성에 영향을 미치는 것 중 하나는 어떤 단체에 소속되어 있는가입니다. 어느 집단에서 어떤 일을 맡고 있는가는 내가 어떤 행동을 할 것인지를 결정하는 중요한 요인이 되지요. 유튜버들이 구독자에게 이름을 붙이고 부르는 이유는 무엇일까요? 구독자들을 하나로 묶고 이름을 붙임으로써 이 영상을 보는 당신은 여기에 소속되어 있다는 인식을 심어줍니다. 유튜버와 구독자들이 하나로 묶인 '우리'라는 인상을 주어 더 친근하게 느껴지기도 하고, 이 그룹에 소속됨으로써 콘텐츠의 방향을 응원하는 행동('구독'이나 '좋아요' 누르기, 혹은 영상에서 제안하는 행동에 참여하기 등)을 함께하자는 메시지를 더 잘 전달할 수 있기도 합니다.

학교는 마스코트와 교가, 교훈 등으로 학생들에게 긍정적인 정체성을 심어줍니다. 저희 아이들이 다니는 초등학교의 마스코트는 회색곰(Grizzly Bear)입니다. 별명으로 학생들을 '그리즐리(Grizzlies)'라고 부릅니다. 아침 조회 시간이면 교장 선생님께서 '안녕, 그리즐리 곰돌이들!(Good Morning, Grizzlies!)'라고 인사하시지요.

곰 마스코트는 귀엽기도 하지만, 아이들에게 메시지를 효과적으로 전달하는 역할도 합니다. 학교의 철학과 맞는 교육 내용을 〈그리즐리라면 알아야 할 것들〉, 〈그리즐리가 꼭 해야 할 일들〉 등으로 포장해 가르침으로써 어린아이들이 더 쉽고 재미있게 받아들이도록 도와줍니다. 예를 들면, '그리즐리는 우리 학교를 아껴준다'는 메시지와 함께 운동장의 쓰레기들을 치우고, 학교 기물을 소중하게 사용하도록 지도하기도 하고요. '그리즐리는 해결한다'는 메시지와 함께 친구와 다투었을 때 어떻게 대화로 풀어볼 수 있는지를 연습하는 시간을 갖기도 합니다. 물론 '그리즐리'라는 말을 빼고도 이런 교훈들을 가르칠 수도 있습니다. 하지만 우리는 그리즐리이고, 그리즐리는 이러한 행동을 한다는 것을 지속적으로 알려주면서 아이들에게 소속감을 높이고 동시에 좋은 정체성을 심어줄 수 있지요.

한 팀으로 목표 이루기

아이들이 집안일에 참여하도록 하는 데에는 '정체성 부여'가 가장 효과적입니다. 스탠퍼드 대학교가 캘리포니아 주립대학교 샌디에이고와 워싱턴 대학교와 함께한 연구에서는 3~6세의 아이들에게 연구자들이 다가가 도움을 요청합니다. 어떤 아이들에게는 "다른 사람이 도움이 필요할 때에는 네가 도와줄 수 있어(you could help)"라는 이야기를 들려주고, 다른 아이들에게는 "다른 사람이 도움이 필요할 때에는 네가 헬퍼(도우미, 혹은 도움을 주는 사람)가 될 수 있어(you could be a helper)"라는 이야기를 들려주었습니다. 그리고 아이들이 장난감을 갖고 노는 동안 연구자는 바닥에 떨어진 블록을 줍기 시작하죠. 가끔은 "이걸 다 혼자 줍기는 좀 어려울 것 같네"와 같은 힌트를 흘리기도 합니다. 그러자 '도와준다'는 말을 들은 아이들보다 '돕는 사람'이라는 말을 들은 아이들이 연구자를 더 많이 도왔다고 합니다. 이는 어린아이들조차도 스스로가 어떤 사람인지에 대한 이해를 하고 있고, 그 정체성을 만들어가기 위해 주체적으로 행동을 선택한다는 것을 의미합니다.

아이들은 원래 뛰어난 헬퍼입니다. 아주 어린 아이들도 언제든지 부모가 하는 일에 동참할 준비가 되어 있죠. 사실 아이에게 집안일을 시키는 것보다 아이가 참여하고 싶은 마음을 망가뜨리지 않는 것이 더 중요합니다. 아이들은 부모와 함께하고 싶고, 스스로 하고 싶고, 남에게 도움이 되고 싶어 합니다. 그래서 신발도 내가 신겠다고 우기며 반대로 신고, 서랍에 옷을 넣겠다며 잘 개켜놓은 옷을 구겨놓고, 엄마가 하고 있는 청소도구를 빼앗아갑니다. 그렇게 놔두세요. 그리고 더 잘할 수 있는 방법을 일러주면 됩니다.

《0~5세 골든 브레인 육아법》에서도 아이들의 두뇌 발달을 위해 추천하는 놀이로 '집안일'을 꼽은 적이 있습니다. 실제로 어린아이들이 하는 놀이는 어른의 일과 유사합니다. 아이의 뇌는 어른의 작업과 비슷한 동작을 관찰하면서 반복하고, 따라하면서 놀다 보면 그 작업을 학습하도록 만들어져 있습니다. 동생이 태어난 아이는 인형을 업고 다니고, 청소하는 모습이나 요리하는 모습을 보면 따라 하며 역할놀이를 합니다.

아이들에게 진짜 노동을 주세요. 양념통의 뚜껑을 닫거나, 계란을 젓거나, 포장지를 쓰레기통에 넣는 일은 아이가 얼마든지 할 수 있습니다. 엄마가 요리를 할 때에는 "위험하니까 저리로 가서 네 장난감 갖고 놀아"라고 하지 말고, "네가 계란을 깨서 저어줘"라고 도움을 요청하세요. 계란을 너무 세게 저어 밖으로 흐른다면 함께 손을 쥐고 살살 젓는 법을 알려주세요. 아직 불을 쓸 수 있는 나이가 안 되었다면 "이제부터는 엄마가 할 테니까 거기서 잘 봐"라고 구경할 기회를 주면 됩니다.

집안일을 함께하면서 우리는 '하나의 팀'이라는 것을 가르칠 수 있고 아이는 자신을 도움이 되는 존재로 여기게 됩니다. 해가 갈수록 아이는 점점 유능해질 것이고, 큰 도움이 되기 시작합니다. 저희집 아이들이 가족을 위해 참여하는 집안일은 다음과 같습니다. 자신만을 위해 하는 일은 적지 않았습니다.

빨래 개기
빨래 서랍에 넣기
하부장에 들어가는 그릇들 정리하기
상 차리기와 상 치우기
유리창 닦기
걸레받이 위의 먼지 털기
자루걸레로 바닥 닦기

정원 관리

장볼 때 물건을 카트 안에 넣기, 물건을 계산대에 올려놓기

장볼 때 카드 결제하고 영수증 챙기기

엄마 아빠의 손이 부족할 때 물건을 들어주거나 문 열어주기

집 안에 손님이 오면 화장실 안내하기

꼬마 손님이 오면 안전한 장난감을 가져와 놀아주기

조금 더 창의성을 발휘하면 우리가 먼저 그룹을 만들고, 이름을 붙여 주는 것도 가능합니다. 이 그룹이 목표로 하는 것이 무엇인가를 정확하게 설명하고, 일원으로서 기여하여 목표를 함께 이루는 팀워크를 알려주세요. 저희집에는 슈퍼 정원사(Super Gardeners)가 존재합니다. 가족들 모두 모자, 장갑, 장화를 신고 슈퍼 정원사로 변신합니다. 슈퍼 정원사는 정원을 아끼고 사랑하는 사람들입니다. 봄이 오면 야채 조각과 지푸라기를 섞어 퇴비를 만들어 나무들에게 나누어줍니다. 지렁이는 삽질에 다치지 않도록 조심하고, 공벌레를 발견하면 잘 모아서 마당의 가장자리로 보내줍니다. 슈퍼 정원사는 맡은 일을 성실하게 수행합니다. 겨울비를 맞고 대거 돋아난 잡초를 제거한다거나, 여름엔 자두를 따고 가을엔 낙엽을 쓸어요. 슈퍼 정원사들은 안전을 중시합니다. 장갑을 껴서 손을 보호하고, 위험한 도구를 조심해서 사용하고, 다른 사람과 적당한 간격을 유지하

지요. 아이들은 규칙을 잘 따르고, 열심히 일합니다. 왜냐하면 그것이 슈퍼 정원사가 하는 일이니까요. 우리 가족의 이름을 붙이고, 우리 가족이라면 해야 할 일이 무엇인지를 알려주세요. 그리고 팀으로서 함께 실천하세요.

02

잘 키운 습관 하나가
열 습관을 거둔다

습관을 만드는 데에서 잊지 말아야 할 것 중 하나는 행동은 연결되어 있고, 서로 영향을 미칠 수 있다는 점입니다. 하나의 습관을 새로 만든다는 것은 그 습관이 삶의 다른 부분에도 영향을 미칠 가능성이 있다는 뜻입니다. 중요한 가치를 담은 습관일수록 더 그렇습니다. 새로운 습관을 만들면 의도하지 않아도 다른 습관들이 생겨날 수도 있고, 새로운 습관을 만들기 위해 기존의 습관을 바꾸어야 할 때도 있습니다. 나의 생활에 작은 부분을 투자할 생각으로 시작했지만, 어느새 습관의 파급력이 눈덩이처럼 불어나 나의 삶을 송두리째 바꾸게 할 수도 있습니다. 이 부분을 미처 인식하지 못하는 경우엔 쉽게 실패하거나, 후폭풍을 맞아 적응하기 힘들어집니다.

비즈니스 용어 중에 '시스템 사고(systems thinking)'라는 말이 있습니다. 문제를 작은 부분으로 나누어 보는 것이 아니라 전체를 조망하고 요소들의 관계의 관점에서 바라보는 것을 말합니다. 다른 분석법들은 문제를 해결하기 위해서는 문제 안의 요소들을 잘게 쪼개어 생각합니다. 하지만 시스템 사고는 문제를 하나의 합으로 보고 요소들 간의 복잡한 관계를 이해하는 접근을 취합니다.

우리가 흔히 접하는 과학적 연구의 결과들은 문제를 작은 부분으로 나누어 보는 전자의 방법을 취합니다. 예를 들면 '아이에게 어릴 때부터 책을 읽어주면 언어 능력이 좋아진다'거나 '어린 시절부터 피아노 연습을 시작하면 뇌 발달에 좋다'는 것과 같은 연구 결과들입니다. 이런 연구들은 하나의 요소(책 읽어주기)가 다른 요소(언어 능력)에 미치는 영향을 보기 위해 다른 요소들(예를 들어 부모의 소득이나 교육 수준, 아이가 다니는 교육 기관에서 제공되는 교육 프로그램들, 전반적 발달에 영향을 미칠 수 있는 수면 시간이나 영양 섭취 등)의 영향력을 제외합니다. 소득 수준이 비슷한 가정의 아이들만을 선발하거나, 아이의 신체 발달 요소들이 미치는 영향력을 통계적으로 통제합니다.

하지만 한 인간이 자라나는 모습은 한 가지 요인에 따라 달라지지 않습니다. 앞서 말한 모든 요인들이 가정마다, 아이마다 전부 다르고, 수많은 요인들이 아이의 발달에 함께 영향을 미칩니다. 심지어 같은 시간 동안 같은 책을 읽어준다고 해도 읽어주는 방식에 따라 아이의 발달을 달라지게 만들 수 있습니다. "옆집에 말 잘하고 똑똑한 아이가 읽는 책을 사주면, 우리 아이도 말을 더 잘할까요?" 같은 질문은 의미가 없습니다.

우리가 실제로 살아가는 세상은 복잡합니다. 하나의 행동에 미칠 수 있는 영향 요인들도 수없이 많고, 하나의 행동은 다른 행동들과 연결되어 작동합니다. 아이의 언어 능력을 만든 것은 특별한 책 한 권이 아닙니다. 아이에게 매일 책을 읽어주는 부모들은 기본적으로 본인도 책을 좋아하고 독서의 가치를 높게 평가하는 사람들이기 때문에 아이에게 양질의 문해 환경을 제공할 가능성이 높습니다. 어려서부터 책을 읽은 아이들은 스토리를 이해하는 능력이 더 빠르게 발달하기 때문에 이후의 독서를 더 촉발하여 언어 발달이 가속화될 가능성도 있고요. 책 읽을 시간을 기꺼이 내는 부모는 아이와 함께하는 시간을 소중히 여기는 사람이기 때문에 아이와 대화를 더 많이 나누고, 아이의 생각을 잘 들어주기 때문에 언어 능력 발달에 긍정적 효과를 보일 수 있습니다. 모든 가능성은 서로 얽히고설켜 아이의 미래를 만들어갑니다.

이제부터 습관들이 서로에게 영향을 미치는 다이내믹한 현장을 살펴보도록 하겠습니다. 개인적으로 이것이 습관 만들기의 최고 매력이라고 생각합니다. 기대하셔도 좋아요.

작은 습관이 만드는 도미노 현상

5인의 대통령 식단을 책임졌던 청와대 전상현 셰프의 인터뷰를 본 적 있습니다. 일반인들이 가정에서 건강한 식단을 챙기려면 어떻게 해야 하는지를 물었습니다. 셰프님의 답변이 마음에 딱 들어왔습니다.

"첫 번째, 본인이 부지런하지 않으면 절대 건강한 식단을 먹을 수가 없어요."

우리는 건강한 식단 관리, 매일 채소 먹기, 견과류 먹기 등의 다짐을 자주 합니다. 특히 아이들의 식습관은 신체와 뇌의 성장에 큰 영향을 미치기 때문에 부모님들께 고민거리가 아닐 수 없죠. '채소 많이 먹기'를 우리 집의 새로운 목표로 삼는다고 가정합시다. 머릿속에 떠오르는 타깃 행동은 바로 '매일 점심마다 샐러드 먹기'와 같은 것이겠죠. 하지만 중요한 것은 샐러드가 저절로 점심 식탁에 올라오지 않는다는 거예요. 샐러드를 먹는 습관은 샐러드를 준비하는 습관이 갖추어지지 않는 이상 실행될 수 없습니다. 인터뷰를 조금 더 인용해볼까요?

"본인이 발품도 팔고, 제철에 나는 식재료를 사다가, 내 몸을 위해서 핸드메이드로 소스도 만들어가면서 해드시고(요). 해드시고, 남지 않게 (관리하세요). 남으면 포장 잘해서 냉장고 신선칸에 (보관을) 잘해서 최대한 빨리 드세요…."

어쩌면 샐러드를 매일 먹으려면

① 적당한 간격으로 식재료를 사는 습관

② 점심마다 샐러드를 만드는 습관

③ 남은 채소를 잘 보관하는 습관

이 필요합니다. 여러 행동들이 모두 자리를 잡아야 비로소 샐러드 먹는 습관이 안착하게 됩니다. 이 부분을 이해하지 못하고 샐러드를 먹겠다는 생각만 한다면 결국 실패하게 됩니다. 모처럼 샐러드를 먹으려고 마음먹었을 때는 냉장고 안에 채소가 없고, 기껏 사다 놓은 채소는 며칠 뒤 다 시들고 뭉크러져 먹기는커녕 힘겨운 냉장고 청소만을 안겨주기 때문입니다.

각각의 행동 역시 다른 요인들의 영향을 받게 됩니다. 장보기 패턴을 습관화하려면 적당한 시간을 내야 할 거예요. 냉장고 정리 역시 주기를 바꾸어야 할 수도 있습니다. '시간을 낸다'라는 것은 생각보다 파급 효과가 큽니다. 한 행동에 더 많은 시간을 할애하면 필연적으로 다른 행동은 시간을 빼앗기게 되니까요. 만약 신선한 채소를 구매하기 위해 마트에 더 자주 가게 된다면 그 시간은 어디에서 가져와야 할까요? 이것을 의식적으로 잘 결정하지 않으면 생활 패턴이 무너집니다. 일을 마치고 마트에 들르자니 저녁 식사 시간이 미루어져 아이의 밤잠에 지장이 생길 수도 있으니까요. 마트에 가는 대신 2~3일에 한 번씩 샐러드를 배달해주는 서비스를 구독해야 할지도 모르겠네요. 그러면 추가 지출이 생겨나고, 포장재 쓰레기가 더 많이 생기겠죠.

하나의 습관이 생기는 데에 얼마나 오랜 시간이 걸리는가를 정확히 예측할 수 없는 이유도 여기에 있습니다. 누군가는 이미 주기적인 장보기와 깔끔한 냉장고 관리 스킬을 갖고 있을 거예요. 이 사람에게는 샐러드를 자주 먹는 것 정도는 큰일이 아닙니다. 하지만 요리 자체를 잘 하지 않고, 몸과 집안 살림을 돌보는 것을 해보지 않은 사람에게는 삶의 패턴을 통째로 바꿔야 하는 일일 수도 있습니다. 보통 일이 아니죠.

작은 습관을 하나 만들자고 삶을 바꿔야 한다면 너무 버겁게 느껴지네요. 반대로 생각해볼까요? 작은 습관을 만드는 것으로 우리의 삶을 바꿀 수 있습니다. 샐러드를 먹겠다는 작은 결심은 식재료를 고르고, 관리하는 습관으로 이어집니다. 나는 자주 마트에 들러 채소를 둘러봄으로써 신선한 제철 재료를 더 많이 접하게 될 것이고, 손수 요리하고 식재료를 잘 정리하고 보관하면서 집안을 가꾸는 기쁨을 알게 될 것입니다. 꾸준한 채소의 섭취로 나는 건강해질 것이며, 더 긍정적인 기분을 느끼고 일의 효율이 올라갈 것입니다. 나는 더 좋은 사람이 될 것입니다.

맞아요. 습관은 삶을 바꾸는 힘이 있습니다.

하나의 습관이 다른 습관을 만드는 성질을 이용하면 됩니다. 하나의 습관이 열 습관을 불러오도록 좋은 시스템을 구축하는 거죠. 먼저 숲의 자리에 습관 도토리를 심으세요. 긍정적인 방향으로 삶의 변화를 주도할 수 있을 거예요.

작은 습관의 씨앗 심기

부모는 대개 아이를 크게 조망하는 관점을 취합니다. 아이의 삶을 큰 덩어리로 나누고, 덩어리마다 아이를 전반적으로 평가하며 공부를 잘하는 아이인가, 밥을 잘 먹는 아이인가와 같은 결론을 내립니다. '잘 먹는 아이'에 대해 이야기해봅시다. 먹는다는 것은 하나의 단어이지만 그 안에는 수많은 행동이 숨어 있습니다. 그리고 그 안에는 습관적으로 이루어지는 행동도 다수 포함되기 때문에 우리가 의식하는 부분은 적습니다. 제일 먼저 밥을 한술 뜨는지, 물 먼저 한 모금 먹는지는 사람마다 갖고 있는 습관입니다. 젓가락질을 하는 방법도, 쩝쩝대는 소리가 나지 않게 입을 다물고 씹는 것도, 한 자리에 바르게 앉아 먹는 것도 모두 습관적인 행동들이죠. 식습관은 거대한 숲과 같습니다.

대개 식습관이 좋지 않은 아이들은 딱 하나의 안 좋은 습관만 가지고 있지 않습니다. 여러 행동들이 아이의 식사를 방해하며, 하나의 방해 요인이 또 다른 행동을 방해하게 됩니다. 아이의 식습관을 고치고 싶다고 생각하는 부모는 대개 여기저기를 동시에 건드립니다. 오늘은 자리에 잘 앉으라고 했다가, 내일은 젓가락질을 똑바로 하라는 식이죠. 하지만 하나의 행동이 습관화되기까지는 오래 걸리기 때문에 서로 다른 지시를 불규칙하게 받게 되면 아이는 행동을 고치기는커녕 메시지를 입력하는 것부터 실패하게 됩니다. 거대한 숲은 한 번에 만들 수 없습니다. 우리가 오늘 당장 할 수 있는 것은 하나의 씨앗을 심는 것입니다.

재윤이는 어떻게 밥 잘 먹는 아이가 되었나

네 살 재윤이의 이야기를 해보겠습니다. 재윤이는 잘 먹지 않는 아이입니다. 음, 적어도 재윤이 부모님의 평으로는 그렇습니다. 식사 시간이 되면 잘 앉지 않고, 돌아다니거나 장난감을 들고 와 식탁에서 장난을 칩니다. 앉으라고 잔소리를 해봐야 소용이 없어 재윤이 부모님은 밥을 먹여주기 시작합니다. 돌아다니면서 먹다 보니 국이나 야채 같은 것을 아예 먹일 수가 없게 되었습니다. 부모님은 채소를 세 입 먹으라는 규칙을 제안합니다. 당연히 듣지 않습니다. 세 입을 먹지 않으면 간식을 주지 않겠다는 협박을 얻습니다. 재윤이는 식사 시간마다 혼나거나 협박을 당하기 일쑤라 더더욱 식탁이 싫어집니다. 식사 시간을 싫어하니 적극적으로 와서 앉을 리가 없습니다. 안 좋은 습관들이 눈덩이처럼 불어납니다.

좋은 식습관이 잘 만들어지지 않은 아이라면 아주 작은 것부터 시작해야 합니다. 씨앗을 하나만 심는 것이죠. 행동을 자르고 잘라 아주 작은 단위로 만들어보세요. 작은 행동부터 시작하라는 것은 대부분의 습관 관련 자기계발서에서 권하고 있는 방법입니다. 그만큼 기본적이면서도 핵심적인 방법이지요. 1장에서 다룬 '완벽주의의 덫'에서 벗어날 수 있는 해결책이기도 하고요.

'제 자리에 앉아서 먹기' 혹은 '돌아다니지 않고 먹기'는 매우 복잡한 행동들이 모여서 만들어집니다. 일단 식사 시간에 부르면 식탁으로 와야 하지요. 아, 그 전에 하고 있던 놀이를 멈추는 것도 중요하겠네요. 식탁으로 오면 자신의 자리가 어디인지 알고 그곳에 앉아야 하고요. 식사 시간 동안 의자에서 벗어나지 않아야 합니다. '벗어나지 않는다'라는 것도 말이 쉽지, 그렇게 간단한 미션이 아니랍니다. 엉덩이와 허리가 쑤시는 것도 참아야 하고요. 별다른 놀이가 없는 식사 시간의 지루함도 버텨내야 합니다. 아까 갖고 놀던 장난감 기차는 잘 있는지 궁금하기도 하죠. 기차에게 무슨 일이 있진 않은지 궁금하니까 자꾸 일어나서 거실에 달려갔다가 돌아오는 거라고요. (실제로 저희 아들이 했던 말입니다. 기차가 궁금해서 앉아 있을 수가 없다고요.) 엄마는 그 마음도 모르고 매번 "똑바로 앉아서 먹어야지!" 하고 말하면 모든 것이 해결될 것이라고 생각합니다.

행동이 습관이 되는 데에는 '능력'이라는 변수가 중요합니다. 습관화의 과정 자체가 지금까지 몸에 익지 않은 일이 체화되고 학습되는 과정이기 때문에 습관이 아닌 행동을 하는 것은 당연히 어렵습니다. 어쩌면 아이는 아직 그 행동을 수행할 만큼 몸이나 뇌의 발달이 이루어지지 않은 것인지도 모릅니다.

아이들은 연습하지 않은 일은 잘하지 못합니다. 너무나도 당연한 이야기입니다. 그리고 단계별 연습을 통해 이 능력을 발달시키는 것이 곧 습관을 만드는 일이 됩니다. 아이가 가만히 앉아 있지 못하는 이유는 내 말을 안 듣기 때문이 아니라, 아이가 앉아 있을 만큼의 능력을 키우는 과정이 부족했기 때문입니다.

취학 전 어린 아이가 30분 동안 식탁에 앉아 식사하는 것은 초등학교 3학년 아이가 식탁에 앉아 있는 것과는 다른 일입니다. 어린아이일수록 한 자리에 오래 앉아 있는 것은 어렵습니다. 식탁뿐만 아니라 책상도, 카시트나 유모차도 마찬가지입니다. 한 가지 활동에 집중을 유지할 수 있는 시간도 마찬가지입니다. 배가 고플 때에는 밥 먹기에 관심이 높지만, 배가 조금씩 차면 집중이 흐트러집니다.

재윤이에게 식사를 시작할 때 자리에 앉는 것부터 가르쳐 보았습니다. 식사의 시작에 온 가족이 함께 앉아 "잘 먹겠습니다!"라고 말한 뒤 첫술을 뜹니다. 타깃 행동은 거기서 끝입니다. 첫술을 바른 자세로 앉아 오물오물 씹어 삼켰다면 온 가족이 인정하고 축하해주세요. "오늘 우리 재윤이랑 함께 앉아 식사를 시작하니까 정말 기쁘다! 의젓하게 앉아서 밥을 먹기 시작하다니 멋지다!" 하고요. 한 숟갈을 입에 넣은 뒤 바로 자리를 뜨더라도 제지하지 않습니다. 남은 식사 시간에는 부모님이 즐겁게 대화하며 식사를 합니다. 재윤이를 쫓아다니는 사람이 없습니다. 재윤이는 거실에서 조금 놀다가도 부모님의 대화와 식탁에서 벌어지는 일들이 궁금합니다. 기웃기웃하는 재윤이에게 "재윤이도 같이 앉을래? 어서 와" 하고 반겨줍니다. 어떤 때는 조금 더 앉기도 하고, 어떤 때는 한 입 먹여달라고 참새처럼 입을 벌리기도 합니다. 지금으로서는 괜찮습니다.

식사 시간의 시작을 함께했다면 한 숟가락을 두 숟가락으로, 1분은 3분으로 차츰 늘립니다. 5분 정도만 앉아 있어도 훨씬 발전된 것입니다. 혹은 (중간엔 좀 돌아다녔더라도) 식사의 마무리에 다시 자리에 바르게 앉아 "잘 먹었습니다!" 하고 인사를 하도록 지도할 수도 있고요. 아이가 할 수 있는 행동을 조금씩 조금씩 추가하면서 식사 시간을 즐겁게 채워가면 됩니다. 그 과정은 언제나 불완전하고 미완성일 수밖에 없습니다. 아직도 내 마음에 차지 않는다는 생각은 넣어두시고, 한 발짝 올라선 것을 축하해주세요.

한 가지 행동에 성공하면 아이의 정체성을 '돌아다니는 아이'에서 '제자리에 앉아 식사를 하는 아이'로 재정의합니다. 하나의 작은 성공은 아이가 다음 단계로 나아갈 수 있도록 자신감을 불러일으킵니다. 첫술을 뜰 때 자리에 앉는다는 작은 행동이 씨앗이 되어 1분으로, 5분으로 점차 자랄 수 있도록 축하의 물을 부어주고, 양분을 주면 됩니다. 그래서 이 행동이 큰 나무가 되면 분명 다른 도토리를 주변에 떨어뜨릴 거예요. 식사 전에 손을 씻고 식탁으로 오는 루틴을 만들 수도 있고요. 자리에 앉아 인사를 한 다음에는 스스로 숟가락질 세 번을 하는 목표를 세울 수도 있습니다. 그리고 점점 더 식사 습관이 좋은 아이로 자라날 것입니다. 아이에게 새로운 별명을 붙여주세요. '오물오물 밥 잘 먹는 아이'라고요.

방해 행동 뿌리 뽑기

어린싹이 잘 자라려면 아무래도 주변의 잡초는 없는 것이 좋겠죠. 같은 자리를 두고 다투는 방해 행동이 있다면 제거하는 것이 좋습니다. 이미 있는 습관을 없애는 것은 쉽지 않습니다.

내 자신을 돌아보거나, 주변 사람들을 보면 쉽게 알 수 있지요. 모든 습관은 지금까지 여러 행동이 경쟁하여 살아남은 우승자가 반복을 통해 굳어진 것입니다. 이 우승자에게 도전해 자리를 탈환할 새로운 승자가 생기는 것은 어려운 법입니다.

습관을 바꾸거나, 기존 습관을 없애기 위해서는 습관의 연결 고리를 발견해 그것을 깨야 합니다. 1장의 '내 아이는 작심삼일로 살지 않기를'에서 이야기했던 서원이(스마트폰으로 친구들과 채팅을 하느라 숙제를 제때 하지 못했던 학생) 사례로 돌아가보겠습니다. 서원이에게 스마트폰을 켜고 채팅 앱을 실행시키는 것은 이미 습관으로 자리 잡아 있었습니다. 아마도 스마트폰을 확인하는 것은 너무 쉽고, 나도 모르게 실행되는 행동이었을 것입니다. 방에 들어서자마자 자동적으로 시작됩니다. 스마트폰 확인이라는 행동은 숙제 시작하기라는 행동을 방해합니다. 여기에서 일어나는 습관의 고리를 그림으로 그려볼까요?

이것을 바꾸는 전략은 여러 가지가 있을 수 있습니다. 서원이의 부모님은 같은 신호(방에 들어선다) 뒤에 다른 행동을 선택

하는 것을 기대하고 있습니다.

숙제라는 행동은 스마트폰을 보는 것과 전혀 다르고, 따라오
는 보상의 크기도 작습니다. 보상이 있다고 해도 숙제를 마친
홀가분함 정도라서 현재로서 채팅보다 그 즐거움이 크진 않겠
죠. 자연스럽게 습관이 대체되기를 기대하는 것은 어렵습니다.
제가 제안한 방법은 스마트폰을 방에 갖고 들어가지 않음으로
써 자동적인 행동 연결이 일어날 수 없게 만드는 것입니다.

상황이 변함으로써 습관 행동의 실행이 방해를 받는 현상을
습관 단절이라고 부릅니다. 신호가 사라지거나, 자동적으로 실
행되던 습관이 불가능해지는 것입니다. 예를 들면 매일 지나치
던 사거리의 신호등이 고장 났을 때를 생각해보세요. 빨간불이

면 멈추고 초록불이면 출발하던 습관이 가로막힙니다. 사방의 차들이 눈치를 보며 순서대로 지나가야 하니 습관대로 할 수가 없죠. 의식적 행동으로 전환됩니다. 혹은 출근길에 타던 지하철이 잠시 운행이 중단되었다고 생각해보세요. 지하철역으로 가던 몸을 돌려 버스 정류장으로 가야 합니다. 생에 큰 변화가 있다면 기존의 습관이 단절될 가능성이 높습니다. 아이를 낳기 전의 삶과 지금의 삶을 비교해보세요.

외부의 상황 때문에 의도치 않게 습관이 단절되거나 재개될 수도 있지만, 의도적으로 습관을 단절시킬 수도 있습니다. 서연이도 마찬가지입니다. 스마트폰이 아예 손에 없다면 아무리 강력한 습관이 자리 잡았다고 해도 자동 실행은 불가능합니다. 자동 실행이 막힌 뇌는 "그럼 이제 뭘 해야 하지?"라는 의식적인 고민을 하게 되고, 이때 우리가 원하는 타깃 행동으로 그 자리를 채워주면 됩니다. 숙제를 먼저 해야 한다는 다짐을 떠올리면 새로운 행동을 수행하게 됩니다. 물론 쉽지 않겠죠. 이 새로운 습관이 자리 잡기 위한 또 다른 시스템이 필요할 것입니다. 숙제 대신 만화책을 펴는 습관이 자리 잡지 않도록 말이죠.

여기서부터는 새로운 습관을 만드는 것과 같이 생각하면 됩니다. 신호에 따라 타깃 행동을 할 수 있도록 시스템을 다듬어가는 것이죠. 숙제를 빨리 시작할 수 있도록 전날 책상을 정돈해둔다던가, 책상 앞에 해야 할 일을 적은 체크 리스트를 놓아

서 상기시키는 것도 도움이 됩니다. 혹은 숙제 시작 전에 행동을 더 끼워 넣어 단계적으로 타깃 행동에 다가가는 것도 가능합니다. 방에 들어서자마자 ① 가방을 제 자리에 놓고, ② 책상의 스탠드를 켜고, ③ 자리에 앉는 것을 루틴화하는 것입니다.

숙제를 마치고 나면 즐거움을 크게 느낄 수 있도록 즉각적이고 추가적인 보상이 따라오도록 합니다. 보상이라고 해서 꼭 초콜릿을 먹는다거나 스티커를 모으면 용돈을 주는 것을 의미하진 않습니다. 보상에 대한 이해는 이후 내용을 참고해주세요.

03

실행이 쉬워지는
비법 2가지

많은 분이 가지고 있는 습관에 대한 오해 중 하나는 힘들고 어려운 일을 부단히 참고 견디며 똑같이 반복해야 한다고 생각하는 것입니다. 마치 백 일 동안 쑥과 마늘을 먹으며 사람이 되기를 기다리는 곰처럼요. 그래서 한 달을 노력하고, 두 달을 노력하고, 그래도 안 되면 석 달을 노력해야 한다고 말합니다. 물론 습관을 만드는 데에는 충분한 시간과 반복이 필요한 것은 사실입니다. 하지만 그것만으로 모든 행동이 다 습관이 되진 않습니다.

어떤 행동이 아무리 노력해도 습관화되지 않는다면 가장 먼저 의심할 수 있는 문제는 행동을 실천하는 것이 너무 어렵지 않은가 하는 점입니다. 저는 제일 먼저 타깃 행동이 과연 내가 할 수 있는 수준으로 조정되어 있는지 점검하기를 권합니다. 이것이 우리를 괴롭히는 의지박약의 운명에 대항하는 첫 번째 방법이라고 볼 수 있습니다.

소아비만 윤아는 어떻게 매일 운동하게 되었을까

행동을 실행하는 데에는 여러 요소들이 영향을 미칩니다. 소아비만 진단을 받고 운동과 식이 조절이 시급했던 열 살 윤아 얘기를 해보겠습니다. 윤아는 건강을 위해 몸무게를 줄어야 한다는 처방을 받았고, 이를 위해 운동이라는 타깃 행동을 시작해야 했습니다. 운동을 시켜야겠다고 생각하니 윤아 엄마의 머릿속에는 가장 먼저 떠오르는 선택지가 있었습니다. 바로 태권도 학원입니다. 같은 학교 친구들도 많이 다니고, 매일 수업이 있기 때문에 운동 습관을 키우는 데에 좋은 선택이라고 생각했지요.

윤아는 한 달을 채 채우지 못하고 태권도 학원을 거부하기 시작합니다. 태권도가 너무 힘들고, 같은 반 친구들보다 자신이 잘 못해 흥미를 붙이기 어려웠습니다. 게다가 운동을 하지 않던 윤아가 매일 운동 수업을 가는 것도 쉬운 일은 아니었습니다. 윤아도 살을 빼야 한다는 것은 알고 있었지만, 아이의 의지력으로 이겨내기에 태권도 수업은 너무 큰 역경이었습니다. 수개월 동안 태권도, 수영, 줄넘기를 하며 모녀 간의 다툼을 반복한 끝에 윤아의 엄마는 저를 만나게 되었습니다.

가장 먼저 우리는 윤아가 좋아하는 것들에서 시작해보기로 했습니다. 윤아와 함께 좋아하는 것들을 생각해보고, 리스트를 적었습니다. 그 리스트를 훑어보고 두 가지를 선택했습니다. 첫째, 윤아는 음악을 좋아합니다. 둘째, 윤아는 그림 그리기를 좋아합니다. 네, 맞아요. 둘 다 운동과는 거리가 멀죠. 하지만 이런 점들이 윤아가 좋아할 만한 타깃 행동을 골라내는 데에 아이디어를 제공할 거예요.

윤아의 기초체력을 높이고, 활동량을 늘리기 위해 우리는 '걷기'를 먼저 도입합니다. 좋아하는 음악 열 곡을 골라 플레이리스트를 만들고, 저녁 식사를 마치면 음악을 들으며 엄마와 집 근처 산책로를 걷습니다. 음악을 듣지 않을 때는 엄마랑 도란도란 이야기하며 걸었더니 엄마도 윤아도 이 시간을 좋아하게 되었습니다.

주말에는 좀 멀리 나가서 그림을 그리기로 했습니다. 작은 가방에 챙길 수 있는 그림 도구와 스케치북을 준비하고, 나들이를 갑니다. 산에서 나무들을 그리기도 하고, 호수를 그리기도 합니다. 가장 완벽하게 예쁜 솔방울을 찾아 그리기로 한 날은 정말 많이 걸었습니다. 그림을 그리다 보니 미술을 더 배우고 싶어졌습니다. 편도 10분 거리의 미술학원에 걸어서 다니기로 했습니다. 작은 운동 시간이 또 추가됩니다. 한 달을 걷자 윤아도 활기차게 변하였고, 걷기보다 좀 더 활발한 운동을 할 마음이 생겨났습니다. 좋아하는 가수를 따라 할 수 있는 K-팝 댄스를 배워보기로 했습니다. 댄스 수업도 즐길 뿐 아니라, 저녁마다 음악을 틀고 연습하면서 땀방울이 뚝뚝 떨어집니다. 두 달 후에는 댄스 학원에서 진행하는 키즈 요가 수업에도 도전해 봅니다. 이제 거의 매일 운동을 하게 되었습니다.

◆비법1▶ 마찰력을 줄여라

윤아가 운동을 하기 위해 필요한 것은 무엇이었을까요? 심리학자인 쿠르트 레빈(Kurt Lewin)의 역장 이론은 인간 행동을 둘러싼 힘의 역학으로 행동의 실행을 설명합니다. 일단 운동을 하려면 실천하는 힘, 추진력이 필요합니다. 그런데 윤아는 여기에서 생각지 못한 적을 만났습니다. 평소 운동을 하지 않던 몸이 버티기 힘든 팔 벌려 뛰기와 높은 발차기가 그것이었죠. 몸은 생각만큼 움직여주지 않았고, 그때마다 겪는 좌절과 친구들과 비교하며 느껴지는 창피함이 윤아의 발목을 잡았습니다. 이것들은 운동을 피하는 억제력을 발동시킵니다. 한 행동이 잘 일어나기 위해서는 높은 추진력과 낮은 억제력이 필요합니다. 반대로 낮은 추진력과 높은 억제력은 행동을 할 수 없게 만듭니다. 그리고 이들은 상황이라는 변수가 주는 '마찰력'의 영향을 받습니다.

일의 추진이라는 것은 언덕에서 수레를 끄는 것과 비슷합니다. 수레를 끄는 사람의 힘은 추진력입니다. 수레에 들어 있는 짐의 무게는 억제력입니다. 무거울수록 중력의 영향을 많이 받아 아래로 수레를 당기기 때문에 수레를 끌기 힘들어집니다. 마찰력은 바닥이 얼마나 울퉁불퉁한가로 생각할 수 있습니다. 매끈한 바닥에서는 더 쉽게 추진력을 발휘할 수 있고, 울퉁불퉁한 바닥에서는 같은 추진력으로도 수레를 끌기 힘들어집니다. 우리가 의지박약의 운명을 거스를 수 있는 가장 강력한 방법은 바로 환경을 조절하여 마찰력을 낮추는 것입니다. 당장 수레를 끄는 힘(추진력)도, 수레에 싣는 짐의 무게(억제력)도 바꿀 수 없다면 바닥을 평평하고 매끈하게 닦아주는 것이죠.

윤아를 주눅들게 하는 태권도 수업을 걷기로 바꿈으로써 운동(타깃 행동)에 대한 추진력이 높아지고, 억제력이 낮아졌습니다. 억지로 혼자 수업에 가는 것보다 엄마와 함께 나가면서 운동의 시작에 대한 마찰력이 줄어듭니다. '운동하러 간다'는 생각을 '그림 그리러 간다'는 생각으로 대체하는 것도 마찬가지입니다. 한 달간의 걷기 운동으로 체력이 조금 생기자 새로운 운동에 대한 추진력이 높아지면서 다음 단계로 올라설 수 있게되었습니다.

봉우리는 하나지만 올라가는 방법은 다양하다

목표를 이루는 방법은 다양합니다. 이것을 잊지 않는 것이 중요합니다. 우리는 종종 이를 잊고, 목표가 아닌 수단이 되는 타깃 행동 자체에만 집착합니다. 아이에게 하루에 수학 문제집을 꼭 1시간씩 풀어야 한다고, 매일 빠지지 말아야 한다고 요구합니다. 하지만 수학을 잘하기 위해서는 꼭 1시간을 공부해야 한다는 법은 없습니다. 45분, 혹은 30분을 공부해도 차근히 정성을 들여 공부하면 수학 점수가 올라갑니다. 일주일에 세 번 공부해도 괜찮습니다. 주 3회가 꼭 '월수금'이어야 할 필요도 없습니다. 1시간이라는 단위에 집착하며 아이에게 실패의 도장을 찍어줄 필요가 없습니다.

습관 형성은 문제해결 능력과 창의성을 필요로 합니다. 우리 아이가 약간의 추진력만으로도 시작할 수 있는 타깃 행동을 고르고 타깃 행동을 하기 쉽게 마찰력을 줄여주는 기술이 목표 달성을 도와줍니다. 오랫동안 고군분투하고 있는 분야일수록 어딘가에 큰 마찰력을 내는 장애물이 있을 가능성이 높습니다. 그것을 먼저 찾아내어 해결해주면 다음 단계로 수월하게 넘어갑니다. 아이가 학습지 푸는 것을 싫어하면 문제집을 바꾸어보세요. 점심에 공부하는 것을 싫어한다면 저녁에 해보세요. 책상이 싫다면 식탁에서 해보세요. 연필을 바로잡았는가를 두고 잔소리를 하는 나 자신이 사실은 아이의 학습 동기를 떨어뜨리는 가장 큰 적은 아니었나 곰곰이 생각해보세요. 그 외에 행동을 쉽게 만드는 방법을 몇 가지 더 소개해보겠습니다.

가장 큰 적은 '귀찮음'이다

아이의 색종이가 다 떨어졌습니다. 내일 만들기 숙제를 하려면 꼭 필요한데 말이죠. 두 가지 선택안이 있습니다. 하나는 지금 마트에 나가서 사 오는 것입니다. 다른 하나는 온라인 쇼핑몰에서 빠른 배송으로 주문하는 것입니다. 마트에 가서 사 오는 것은 확실하고 빠른 방법입니다. 대신에 내가 옷을 갈아입고, 걸어서 혹은 운전을 해서 마트에 가고, 물건을 골라 줄을 서서 계산을 하고 돌아와야 합니다. 마찰력이 높습니다. 반면 온라인 쇼핑몰에서 주문을 하는 것은 더 오래 걸리고 자칫 배송 오류가 생기면 내가 필요할 때 도착하지 않을 수도 있지만, 지금 앉은 자리에서 스마트폰으로 바로 결제할 수 있다는 장점이 있습니다. 스마트폰 앱에 결제 정보도 이미 다 입력되어 있다면 지갑을 찾는 수고조차 하지 않아도 됩니다. 마찰력이 낮습니다. 스마트폰 결제가 많이 이루어지지 않을 때는 지갑을 들고 마트로 달려가는 일이 많았겠지만, 해를 거듭할수록 마찰력이 적은 행동 쪽으로 선택이 옮겨가게 됩니다.

환성을 소정하여 마찰력을 낮추거나 높이는 전략은 사실 새로운 것이 아닙니다. 우리의 삶 곳곳에 배치되어 있습니다. 현금을 꺼내 계산하고 거스름돈을 받는 것보다 삼성페이나 애플페이를 사용하면 마찰력이 낮아져 더 빠르게 결제하게 됩니다. 물건을 사기 전의 거추장스러움을 견디는 시간(마찰력)을 줄여주어 두 번 고민하지 않고 사게 되죠. 넷플릭스와 같은 영상 콘텐츠 서비스가 다음 에피소드를 자동으로 재생되도록 설정해두는 것, 유튜브와 같은 영상 플랫폼이 내가 본 영상과 유사한 것을 줄줄이 추천해주는 것은 해당 서비스를 오랫동안 이용하도록 마찰력을 낮춘 장치들입니다. 이러한 마찰력의 마법을 이용하면 아이들의 행동 역시 더 쉽게 실천하도록 도와줄 수 있습니다.

전작인 《0~5세 골든 브레인 육아법》에서 아이들의 뇌 발달에 수분 섭취가 중요하다는 점을 강조한 바 있습니다. 몸의 대부분이 수분으로 이루어진 것처럼 뇌도 마찬가지이거든요. 수분이 부족하면 기억력과 집중력 등의 뇌 기능이 떨어지고, 피로와 짜증을 느끼게 됩니다. 하지만 아이들에게 물을 마시도록 지도하는 것은 쉽지 않죠. 어떻게 하면 아이들이 쉽게 수분을 섭취하도록 도와줄 수 있을까요?

물 마시는 습관 형성을 방해하는 대표 요인들을 생각해봅니다. 하나는 '귀찮음'입니다. 인스타그램을 통해 물을 마시기 어려운 이유를 조사해본 적이 있는데요. 가장 많은 이유가 귀찮음이었습니다. 물을 뜨러 가는 것도 귀찮고, 물을 마시면 화장실 가야 하는 것도 귀찮다고 합니다. "누가 떠다 주면 먹을 것 같은데"라고 하신 분들도 계십니다. 두 번째로 많은 이유는 '맛없음'입니다. 아이스크림이나 주스만 찾는 아이, 매실청이나 오미자청 등을 타주어 버릇했더니 맹물은 맛이 없다는 아이 등 단맛에 길들여진 입맛이 물 마시기를 어렵게 만듭니다. 이 두 가지를 없애보도록 하겠습니다.

물가에 데려가기 어렵다면 물을 옮기자

제일 먼저 해야 할 일은 물이 있는 것입니다. 가까이에요. 위치는 중요한 마찰력 요인 중 하나입니다. 우리에게 '귀찮음'을 선물하는 요인이기도 하지요. 집에서는 아이가 어른에게 부탁하지 않아도 스스로 마실 수 있는 위치라면 가장 좋습니다. 컵을 꺼낼 때마다, 물을 따를 때마다 다른 사람의 도움을 받아야 하거나 발판을 이리저리 옮겨야 한다면 실천하기 어려워집니다. 외출 시 쉬운 방법으로는 물병을 갖고 다니는 것을 추천해드립니다. 아이가 좋아하는 캐릭터가 그려져 있거나, 좋아하는 색상의 물병을 직접 고르면 더 좋습니다. 물이 없다면 갈증을 느낄 때 음료를 사기 위해 편의점이나 커피숍에 들러야 하고, 가게에 들어서는 순간 아이는 생수가 아니라 주스를 요구하게 될 가능성이 높아집니다. 물을 들고 다니세요. (하지만 물을 들고 다니는 행동에도 마찰력이 존재합니다. 무겁고 거추장스럽죠. 일단 어른인 내가 살짝 참읍시다. 그리고 가벼운 물병을 준비하고, 오래 돌아다녀야 한다면 백팩을 선택하세요.)

두 번째로 틈틈이 "물 마실 시간!(Water Break!)"이라고 외쳐 아이들에게 신호를 보냅니다. 날씨가 덥고 아이가 땀 흘리며 뛰어놀고 있다면 가장 좋은 기회입니다. 이때에 물이 맛있거든요. 집에서 안락하게 놀다가 물을 마시라고 하면 냉장고에 빤히 보이는 주스를 달라고 하기 십상입니다. 놀이터에서 실컷 뛰어놀다가, 아이 얼굴이 벌겋게 달아오를 때쯤 그늘로 불러 시원한 물을 주세요. 꿀맛입니다. 맹물을 맛있게 만들 수는 없으니, 물맛이 달게 느껴질 만한 상황을 통제하는 것이죠. 아주 더웠던 여름날, 섭씨 35도의 요세미티 밸리에서 하이킹을 한 적이 있습니다. 건조한 날씨 탓에 흙먼지는 계속 올라오고, 2시간 길을 걷자니 아이들의 불평이 하늘을 찔렀죠. 아이들은 얼려간 생수병에 거의 매달리다시피 합니다. 물이 맛없다고요? 그럴 리가 없습니다. 이때의 물은 생명의 맛입니다. 아이들은 본능적으로 이것이 살 길임을 느낍니다. 강력한 보상이 되어 행동을 강화합니다. 이제 20~30분마다 반복하면 물 마시는 습관을 기를 수 있습니다. 덥고 힘들수록 물맛의 보상이 커진다는 것을 기억하세요.

(20분마다 물 마실 시간 / water break 반복하기)

마지막으로 물 마시는 습관을 방해하는 주스 마시는 습관을 없애는 것을 추가할 수 있습니다. 주스를 먹는 습관을 없애는 것은 물 마시는 습관을 기르는 것을 도와줍니다. 물 마시기와 반대로 하시면 됩니다. 행동을 억제하는 마찰력을 높이는 것입니다. 물병을 들고 다님으로써 목마르다는 핑계로 편의점에 갈

수 있는 기회를 차단합니다. 집 안에는 주스를 사다 놓지 않습니다. 아이가 주스를 찾으면 주말에 마트에 가서 살 수 있다고 이야기합니다. 정해진 날에 마트에 방문해 한 병만 사고, 그것을 다 마시면 다음 마트 방문 날까지 다시 사지 않습니다. 시간과 장소를 멀찌감치 둠으로써 아이가 주스 마시는 행동을 실행하기 어렵게 만듭니다. 구매 횟수와 장소를 바꾸어 마찰력을 높이는 것은 제가 만나는 대부분의 아이들이 주스 끊기 혹은 줄이기에 성공해온 방법입니다. 어릴수록 효과가 크니 꼭 시도해보세요.

◆비법 2◆ 설탕 코팅으로 쓴 약도 달콤하게

아이의 타깃 행동을 놀이로 만들어라

어린 시절에 먹던 감기약 생각나시나요? 알약을 삼키기 어려운 아이들은 직접 절구에 알약을 빻아 가루로 만들어줍니다. 당연히 엄청나게 쓰고, 역한 냄새가 납니다. 이것을 숟가락에 담긴 핑크색 물약에 살살 개어 먹는데, 물약 역시 자연스러운 단맛이 아닌지라 두 가지를 합친다고 해서 대단히 도움이 되진 않습니다. 반면 요즘 아이들은 시럽을 먹습니다. 대개 예쁜 색깔이 들어 있고 (색소가 없는 감기약도 많이 나오면 좋겠습니다만),

체리 향이나 포도 향이 들어 있어 냄새도 좋습니다. 혀끝이 아릴 만큼 달콤한 맛입니다. 어린 아기들도 꼴깍꼴깍 잘 받아먹습니다. 감기약을 먹는 것이 목표라면, 갈아 만든 가루약보다는 체리 맛 시럽을 먹을 때 목표를 더 쉽게 달성할 수 있게 됩니다. 어른들이 먹는 약에도 연한 단맛이 감도는 코팅이 입혀져 있기도 합니다. 코팅 없이 먹었다면 아마 무척 쓴 약이었을 테지요. 아이가 유독 하기 싫어하는 행동이라면, 설탕 코팅을 살짝 입혀보는 것을 추천합니다. 달콤한 코팅이 추진력을 상승시키고 억제력을 낮춰줍니다.

아이들에게 가장 효과가 좋은 설탕 코팅은 바로 '놀이'입니다. 아무리 하기 싫은 행동도 놀이의 탈을 쓰는 순간 아이들은 눈을 반짝이며 달려듭니다. 저희 아이들이 어릴 때 이야기를 해볼게요. 서하가 만 4세, 유하가 만 2세 정도일 것 같네요. 그보다도 더 어릴지도 모르고요. 오후 내내 신나게 놀고 나면 어느덧 놀이 시간을 끝내야 할 때가 찾아옵니다. 장난감도 좀 정리해야 하고요. 아이들은 당연히 더 놀고 싶어 합니다. 그만 놀라고 하는 것도 서러운데 장난감까지 치우라니! 선뜻할 리가 없죠.

세계적인 인기를 끌던 '아기 상어' 노래를 틉니다. 이것이 장난감을 치우는 시간을 알려주는 신호입니다. 아기 상어가 울려 퍼지면 우리는 모두 상어가 됩니다. 서하는 핼러윈 때 사놓은 귀상어 모자를 쓰고, 유하는 손날을 세워 머리 위에 척 올리고 상어로 변신합니다. '빠밤- 빠밤-' 하고 긴장감 넘치는 전주가 나오는 동안 우리는 상어처럼 좌우로 흔들흔들 거실을 돌아다닙니다. "아기 상어 뚜루루 뚜루" 하고 노래가 시작되면 사냥을 시작합니다. 커다란 장난감을 잡기 위해 서로 치열하게 경쟁하지요. 잡은 장난감은 상자에 집어넣고 다음 사냥감을 쫓아갑니다. 노래 한 곡으로 장난감을 모두 치우기엔 부족하니 아이들이 좋아하는 노래들을 바꾸어가며 서너 곡 더 틀어줍니다. 장난감 치우기가 마무리되면 댄스 타임을 갖기도 하고요. 아기 상어 노래는 신호이자 동시에 설탕 코팅이 되어줍니다. 이제 거실은 깨끗해졌습니다.

장난감을 정리하고 방으로 자러 들어가는 것을 유독 싫어하던 민재를 위해 이 이야기를 들려주었습니다. 민재 엄마는 민재가 좋아하는 '천하장사 중장비' 노래를 사용해보았습니다. 불도저가 되어 블럭들을 와르르 밀어버리기도 하고, 포크레인이 되어 두 손 가득 블럭을 담아 상자 안에 와르르 쏟아 넣기도 합니다. 장난감 정리 시간의 백미는 민재가 가장 소중하게 여기는 중장비 자동차들을 '주차'해주는 것입니다. 주차장(물론 그냥 선반이죠)에 나란히 세워둔 중장비들이 밤새 쉴 수 있도록 거실 불을 꺼주면 정리 시간은 마무리됩니다. 중장비들이 잘 자려면 조용해야겠죠? 민재도 조용하게 방으로 들어가 잠자리에 듭니다. 중장비 노래가 장난감 정리 놀이를 실행시키고, 놀이의 끝은 자연스럽게 수면으로 이어지도록 구성된 천하장사 중장비의 하루가 끝이 납니다. 역할 놀이를 좋아하는 시기의 아이들에게는 이 방법이 가장 효과가 좋습니다.

코로나-19로 어른들은 재택근무, 서하는 온라인 수업을 하던 시기의 이야기입니다. 오전 10시경이 되면 서하가 수학이나 영어 수업을 듣는데, 이때 유하가 조용하게 할 일을 해야 서하가 수업에 집중할 수 있습니다. "조용히 해! 오빠 방해하지 마!"라고 해봐야 별 소용이 없습니다. 겨우 세 살인걸요. 오빠의 오전 수업이 끝나면 바로 쉬는 시간이기 때문에 우리는 이 시간에 간식을 준비하기로 합니다. 유하는 간식 요정(Snack Fairy)으로 변신합니다. 간식 요정의 가장 중요한 임무는 당연히 간식 준비입니다. 한 가지 주의할 점이 있습니다. 요정이기 때문에 사람들에게 들키면 안 됩니다. 엄마와 부엌에서 오늘 간식으로 먹을 과일을 고르고, 깨끗하게 씻고, 예쁜 그릇에 담습니다. 그날의 기분에 따라 마음에 드는 간식 그릇을 고르는 것도 아이의 몫입니다.

간식 준비를 마치면 간식 요정 놀이의 하이라이트가 남아 있습니다. 바로 간식 배달입니다. 방에서 일하고 있는 아빠에게 소리를 내지 않고 조용하게 다가가 간식을 놓고 재빨리 도망칩니다. 들키지 말아야 하니까요. 유하가 방을 빠져나오면 아빠는

"앗, 갑자기 간식이 생겨났어!" 하고 깜짝 놀라는 연기를 해줍니다. 서하도 간식 그릇을 두고 가는 유하를 못 본 척해줍니다. 아무에게도 들키지 않은 간식 요정은 어깨를 웅크리고 소리 죽여 키득거립니다. 미션을 수행한 요정의 뿌듯함이 바로 보상입니다.

종이에 날개를 그려 등에 붙이기도 하고, 나풀나풀한 치마를 입기도 합니다. 공원에 가면 나뭇가지를 들고 요술을 부리고, 이끼가 잔뜩 덮인 죽은 나무는 요정의 집이라 부르며 요정 놀이를 한껏 즐깁니다. 우리의 간식 요정 놀이는 약 1년 정도 지속되었습니다. 초등학생이 된 유하는 더 이상 간식 요정이 아니지만 아빠가 미팅을 할 때에 조용하게 방문을 여는 능력은 사라지지 않았습니다.

지겨운 시간일수록 사랑을 쏟아라

놀이의 탈을 씌우는 것에도 실패했다면, 사랑으로 설탕 코팅을 씌워봅시다. 이 방법은 특히 매일 반복해야 하고, 재미없고, 지긋지긋한 상황에 써보시면 좋습니다. 예를 들면 목욕이나 옷 입기와 같은 일들이요. 목욕을 싫어하는 아이라면 그 시간에 가장 큰 사랑을 쏟아부어주세요. 양치를 해줄 때에는 아이의 이를 하나씩 세며 몇 개가 났는지 알려주세요. 처음 이가 났을 때가 기억나시나요? 한참을 침을 줄줄 흘리더니, 어느 날

잇몸에 쌀알 같은 새 이가 돋아났던 날, 너무 신기하고 예뻐서 몇 번을 들여다보고, 사진을 찍어 할머니 할아버지께 보내드렸죠. 그때의 이야기를 들려주세요. 쌀알 같던 이가 이렇게 자라고 큰 이가 되었으니 너무 기특하다고요. 세수를 시켜줄 때에는 아이의 작은 코가 얼마나 예쁜지 말해주세요. 몸에 비누칠을 할 때는 아이가 얼마나 많이 자라났는지 이야기하며 이렇게 건강하게 커주어 고맙다고 해주세요. 머리 말리기 싫어서 도망가는 아이는 "우리 아가 감기 걸리지 말고 코 자라" 하고 애정의 말을 전해주세요.

아이와 보내는 시간이 많지 않은 부모일수록 꼭 해보시길 추천해드립니다. 한창 바쁘게 일할 나이인 부모는 늘 마음이 조급합니다. 아침에는 아이 등원시키고 출근 준비하느라, 저녁에는 아이를 먹이고 씻기고 재우느라 몸도 지쳤습니다. 아이와 놀아주고 좋은 이야기를 들려주라는데 사실은 현실의 일을 쳐내기에도 급급할 때가 많죠? 그럴 때 잊지 마세요. 아이를 돌보는 일이 곧 아이를 사랑하는 일이라는 것을요. 이 순간이 먼 미래에 가장 그리워할 순간이 될지도 모른다는 것을요.

엄마 아빠가 널 괴롭히기 위해 잡아와서 억지로 씻기는 것이 아니란 것을 알려주세요. 하루 종일 아이가 보고 싶었다고 말해주세요. 내가 너의 이를 닦아주는 것이 너를 사랑하는 방법이고, 자기 전에 머리를 말려주는 것이 너를 건강하게 지켜주기 위한 것이라고 달콤한 코팅을 발라주세요.

당연히 효과도 좋아요. 왜냐하면 그건 진심이니까요. 우리가 매일 아이와 씨름하는 그 순간들은 우리가 아이를 사랑하기 때문이잖아요. 이건 위선과 거짓말이 아니에요. 로션 발라주기를 전쟁으로 만들지 마시고 애정 표현으로 만들어주세요. 이렇게 매일 사랑을 고백했더니, 어느 날 씻고 나온 엄마를 물끄러미 바라보더니 "엄마두 노성 발라주까?"라고 했다던 한 아이의 사랑스러운 일화가 여러분 댁에도 벌어지길 기원합니다.

04

보상의 기술
축하하고 칭찬하라

습관 형성의 고리에서 보상은 중요한 역할을 합니다. 이 행동은 결과가 좋으니까, 앞으로 더 많이 하는 것이 좋겠다는 정보를 뇌에 입력하기 때문에 행동의 반복을 불러일으키는 역할을 하죠. 보상은 뇌에서 도파민을 분비시키고 (물론 언제나 분비되는 것은 아니지만), 도파민은 우리를 흡족하게 하여 행동을 부추깁니다. 동시에 뉴런 사이의 연결을 강화하여 뇌를 바꾸어놓지요.

보상은 반드시 필요하지만, 보상을 잘 이용하는 것은 보다 신중한 선택과 섬세한 기술을 요합니다. 섣불리 보상을 제시했다 아이가 오로지 보상만을 위해 움직이는 경우가 생기기도 하고, 점점 더 큰 보상을 요구하거나 보상 자체에 시큰둥해져서 결국 실패하기도 하거든요. 이제부터 습관 형성의 성공을 높이는 보상의 기술을 한번 살펴보도록 하겠습니다.

내적 동기냐, 외적 동기냐 그것이 문제로다

동기와 보상은 떼려야 뗄 수 없는 관계입니다. 보상은 행동을 강화하니까, 아이가 더 많이 했으면 싶은 타깃 행동을 했을 때 보상을 주면 그 행동을 더 많이 하는 것을 기대할 수 있습니다. 그래서 우리는 아이의 행동에 보상을 제시합니다.

"시금치 다 먹으면 아이스크림 줄게."

"숙제 다 하면 게임 30분 시켜줄게."

그런데 왜 우리 아이는 보상을 주는데도 공부를 안 하려고 할까요?

이 이야기를 풀기 위해서는 일단 내적 동기와 외적 동기라는 말을 먼저 설명해야 할 것 같아요. 내적 동기란 내부적인 만족감이나 개인적인 가치에 기인한 동기를 말합니다. 내가 자체적으로 흥미를 느끼거나 이 일이 가치 있는 일이라고 생각해서 행동하는 경우에 발생합니다. 이 행동을 통해 얻는 즐거움과 만족감 그 자체가 보상으로 작용합니다. 외적 동기란 외부에서 주어지는 동기입니다. 이 행동을 하는 이유가 외부의 보상, 예를 들어 돈이나 상, 혹은 사회적 인정이나 인기 등을 얻는 것에 있는 경우를 말합니다. 아이가 식사를 하며 느끼는 본연의 즐거움을 위해 시금치를 먹는다면 내적 동기에 의한 것이고, 이것을 먹고 나서 받을 아이스크림을 위해 먹는다면 외적 동기에 의한 것입니다.

스탠퍼드 대학교 마크 레퍼 교수(Mark R. Lepper)는 외부의 보상이 내적 동기를 해칠 수 있다는 것을 증명한 분입니다. 유치원생 아이들을 실험실에 초대하여 그림을 그리도록 합니다. 한 그룹은 그림을 그리고 보상(상장)을 받고, 다른 그룹은 보상받지 않았습니다. 이후 유치원 교실로 돌아가 아이들이 자유 시간에 얼마나 많은 그림을 그리는지 관찰해보았습니다. 그러자 그동안 보상을 받아온 그룹은 교실에서 자발적으로 그림을 그리는 횟수가 적었습니다. 간단하면서도 역사에 획을 그은 연구입니다.

뇌의 습관 형성 메커니즘에서 다룬 스키너의 상자와 마크 레퍼 교수의 실험 사이에는 큰 차이가 있답니다. 바로 행동과 보상 간의 관계입니다. 스키너의 상자에서는 레버를 누르는 행동이 곧 먹이를 얻는 방법이었습니다. 그리고 그 실험 장치는 쥐가 원래부터 가지고 있는 습성을 활용해 고안되었죠. 먹이를 찾기 위해 주변 환경을 들쑤시고 다니는 습성입니다. 쥐는 구멍이 있으면 들어가 보고, 가지가 있으면 타고 올라가면서 먹이를 찾습니다. 그러다 괜찮은 먹이가 있는 장소를 찾거나 먹이를 얻어낼 수 있는 방법(예를 들면 곡식이 들어 있는 자루에 구멍 뚫기)을 찾으면 이를 반복합니다. 스키너의 상자에서도 쥐가 상자 안을 탐색하다 우연히 레버를 건드리면서 먹이를 얻는 방법을 깨우치게 된 것입니다.

사람들의 학습 메커니즘도 이와 비슷합니다. 만약 사과를 먹은 뒤 씨앗을 땅에 뱉은 사람이 이듬해 봄에 땅에서 사과가 자라는 것을 발견한다면 이는 더 많은 식량을 얻을 수 있다는 '보상'이 되어 씨앗을 흙 속에 심는 행동을 촉발하게 됩니다. 땅에 사과 씨앗을 심으면 더 많이 사과를 얻을 수 있다는 원리를 깨우치게 되는 것이죠. 굳이 사과 씨앗을 심는 행위가 주는 고유의 즐거움(내적 보상)이 없다고 해도 말입니다. 하지만 그림을 그려서 상장을 받기 위한 것은 이와 전혀 다릅니다. 그림을 그리는 것은 원래 상장을 받을 수 있는 행동이 아닙니다. 누군가가 눈앞에서 흔드는 당근일 뿐이죠.

마크 레퍼 교수의 또 다른 실험은 이 외적 보상이 갖고 있는 피할 수 없는 한계를 보여줍니다. 마크 레퍼 교수의 연구 중 제가 가장 좋아하는 실험입니다. 네 살 아이들을 대상으로 실험자가 '저녁 식사 상황극 놀이'를 합니다. 아이들에게 뚜껑을 덮어 안이 보이지 않는 그릇 두 개에 음식이 담겨 있다고 말해줍니다. 하나는 검블랫(Gumblatts), 다른 하나는 스노그와트

(Snogworts)라는 한 번도 들어본 적 없는 음식들입니다. 그런데 식사에는 규칙이 하나 있어요. 검블랫을 먹으려면 스노그와트를 꼭 먹어야 한대요. 아이들에게 스노그와트를 싹싹 다 먹어야 검블랫을 먹을 수 있다고 이야기해 줍니다. 어디서 많이 들어본 말이죠? 설명 후 아이들에게 둘 중 어떤 음식을 더 먹고 싶은지 물어봅니다. 그러자 아이들의 90퍼센트는 검블랫을 먹겠다고 대답합니다. 어떤 음식인지 본 적도, 맛본 적도 없음에도 불구하고요.

이 실험 속에서 스노그와트는 '억지로 먹어야 하는 것'이 되고 검블랫은 '더 매력적인 것'으로 보이게 됩니다. 이는 과잉 정당화 효과로 설명할 수 있습니다. 어떤 행동을 한 것이 외부의 보상 때문이라고 여겨지는 경우 내적 동기를 해치는 것을 말합니다. 스노그와트는 검블랫을 위한 수단이 되기 때문에 아이들은 본능적으로 스노그와트란 맛이 좋을 리가 없다고 생각합니다. 아이들에게 시금치를 먹으면 아이스크림을 주겠다고 하는 순간, 시금치는 맛없으니 억지로 먹어야 하는 것이고 아이스크림만이 네가 먹고 싶어 하는 것이라는 사실을 알려주는 것이나 마찬가지입니다.

우리 집 칭찬 스티커가 실패한 이유

아윤이네 엄마는 아윤이와 싸움 없이 해야 할 일들을 하기 위해 칭찬 스티커 제도를 시작해보았습니다. 스티커를 모으면 아윤이가 갖고 싶어 하던 장난감을 사주기로 약속했지요. 방을 치우면 한 개, 숙제를 다 하면 한 개, 잘 시간을 지키면 한 개. 처음에는 아윤이도 스티커를 받는 것이 신나서 열심히 약속을 지켰습니다. 하지만 일주일이 지나자 조금씩 시들해지기 시작했지요.

"왜 아직도 방을 안 치웠어. 엄마가 얼른 치워야 스티커 준다고 했잖아."

"됐어. 오늘 안 받아도 돼."

"그런 게 어딨어. 하기로 약속했으면 해야지."

"그럼 오늘은 두 장 줘."

"아윤아, 옷 벗었으면 걸어놔야지."

"이거 걸면 스티커 줄 거야?"

스티커를 붙이면 사주기로 한 상품 역시, 처음에는 인형 한 개였지만, 더 큰 인형으로, 평소 안 된다고 했던 어린이용 화장품 세트로, 비싼 캐릭터 상품으로 점점 불어났습니다. 분명 좋은 의도로 시작했는데 왜 이렇게 되어버렸을까요?

보상이 행동을 강화하는 것은 맞습니다. 하지만 문제는 외부에서 제공하는 보상이 어떤 행동을 강화하는가를 부모가 잘 통제하기가 어렵다는 점입니다.

우리가 흔히 하나라고 생각하는 행동, 예를 들면 방 치우기나 숙제하기 같은 것은 사실 수많은 행동들로 이루어집니다. 칭찬 스티커에 실패하는 가장 큰 이유는 스티커가 내가 원하는 행동이 아니라 잘못된 행동을 강화했기 때문입니다. 옷 정리를 강화하는 것이 아니라 '스티커를 타내기 위한 협상'을 강화하거나 '더 큰 보상을 요구하기'를 강화했다고나 할까요. 아윤이의 마음속에 옷을 정리하면 좋다는 깨달음이 아니라, 엄마가 원하는 걸 마지못해 들어주면 스티커를 더 많이 받을 수 있다는 깨달음이 온 것이죠. 자기 주도 어린이가 아니라 꼬마 협상가가 만들어져버렸군요.

따라서 어떤 행동을 외부의 보상으로 유인해서 시키는 것에는 역화(backfire)가 생길 수 있음을 생각해볼 필요가 있습니다. 부모가 외적 보상을 제시하여 아이에게 어떤 행동을 하게끔 통제하는 것은 다음과 같은 반작용을 만들 수 있습니다.

- **과잉 정당화로 인해 내적 동기를 더 떨어뜨린다**
  내가 숙제를 하는 건 게임 시간을 벌기 위해서야.
- **자기통제감을 떨어뜨린다**
  내가 숙제를 하는 건 내가 원해서가 아니라 엄마가 시켜서야.

- 보상에 둔감해지면 효과가 떨어진다

  오늘은 게임 안 할 거니까 숙제도 안 해도 되지?

- 부모의 과도한 통제로 관계를 해친다

  맨날 엄마 맘대로야. 내 편이 아니야.

- 보상을 두고 협상하는 태도를 보인다

  게임 10분 더 시켜주면 수학 숙제마저 할게. 안 그러면 안 해.

보상을 주라는 거야, 말라는 거야? 지금까지 읽으셨다면 이런 의문이 생기셨을 것입니다. 보상을 주자니 내적 동기가 떨어진다고 하고, 보상을 안 주자니 아이는 꿈쩍도 하지 않죠. 어떻게 해야 하는 걸까요? 외부 보상으로 인한 외적 동기가 모두 나쁘다는 뜻은 아니에요. 대개의 일들은 내적 동기와 외적 동기가 혼합되어 나타나기 마련입니다. 마크 레퍼 교수도 "어떤 아이가 100퍼센트 내재적 동기만으로 움직이고, 외부 보상에는 전혀 관심이 없다면 사회에 적응하기 힘들다"고 했습니다. 삶에는 둘 다 필요합니다. 다만, 보상을 잘 사용하는 비법이 필요할 뿐입니다.

보상을 주는 최고의 비법

여기에 보상을 주는 최고의 비법이 있습니다. 보상을 만들어 주지 말고, 찾아주세요. 우리는 보상을 반대급부로 생각하는 경향이 있습니다. 보상이라는 단어가 주는 어감 때문인 것 같아요. 보상의 사전적 정의를 찾아볼까요?

- 남에게 진 빚 또는 받은 물건을 갚음
- 어떤 것에 대한 대가로 갚음

하지만 심리학 용어 사전에서의 보상은 의미가 다릅니다. 심리학 용어로서의 보상(reward)은 '긍정적이고 쾌락적인 정서 경험을 불러일으키는 사건(사물, 자극, 활동, 상황 등을 총칭)'을 말합니다. 우리가 사용하는 일상의 언어와 학술용어 사이의 간극이 대가로 보상을 지급해야 한다는 오해를 더 만들어내는 것 같아요. 학습 메커니즘에서의 보상은 누군가가 주어야 하는 것이 아니라 내가 '좋다'고 느끼는 것입니다. 그 보상이 외부에 있든 내부에 있든 중요하지 않습니다. 보상이 보상이려면 받아들이는 사람의 인식이 중요하죠. 아래 이야기를 천천히 읽으며 생각해보세요.

첫째, 보상은 꼭 부모가 주어야 하는 것은 아닙니다. 좋은 행동은 대개 보상이 자연스럽게 주어집니다. 제가 부모님들께 가장 당부하고 싶은 점은 바로 이것입니다. 어떤 행동에 딸려 오는 고유의 보상을 해치지 말아야 한다는 것입니다. 인간의 뇌 시스템은, 특히 아이들의 뇌는 배우는 것에 특화되어 있습니다. 가르쳐주지 않아도 쥐가 상자에서 레버 누르는 법을 발견했듯이 아이들도 얼마든지 그렇게 할 수 있습니다. 가장 큰 예는 생물학적 보상입니다. 피곤할 때의 잠, 목마를 때의 물, 배고플 때의 밥, 추울 때의 온기는 그 자체로 충분히 강력한 보상입니다. 태어날 때부터 모두 탑재되어 있는 것들입니다. 대부분의 아이들은 본능적 보상 시스템으로 생존에 필요한 필수 행동들을 배울 수 있는 능력이 충분히 있습니다.

다시 한번 당부하건대, 이 보상을 다른 것으로 가리지 마세요. 억지로 보상을 만들어주는 것보다 효과적입니다. 밥상머리에서 시금치 한 가닥을 두고 씨름하는 것보다 중요한 것은 배가 고프면 먹어야 하고, 먹어서 배가 부르면 좋다는 것을 배우는 것입니다. 음식은 원래 보상입니다. 칭찬 스티커를 받지 않아도, 아이스크림을 받지 않아도 허기를 면하는 것은 우리의 생존을 보장하는 큰 보상입니다. 이것이 보상이기 때문에 우리는 배고픔을 느꼈을 때 음식을 먹고자 하는 동기가 생기는 것입니다. 어린 서하는 흡족하게 밥을 먹은 날이면 저에게 자신의 배를 만져달라고 합니다. "밥을 잘 먹었지? 이제 배가 불러!" 하고 웃으며 말하지요. 동그랗게 차오른 배를 살살 만져주며 "아이고, 잘 먹었네!" 하고 같이 웃어주면 됩니다. 세 숟가락을 더 먹어 아이스크림을 타내는 억지 보상을 추가하여 자연스러운 보상을 가리지 말아야 합니다.

둘째, 가끔 보상은 존재하지만 발견하기 어렵습니다. 앞서 좋은 행동에는 보상이 자연스럽게 따라온다고 말씀 드렸지요. 하지만 그 보상을 알아차리기 어려울 때도 많습니다. 특히 아무리 사회적으로, 자연적으로 좋은 행동이라 하더라도 아이가 싫어하고 주저하는 행동이라면 숨겨진 보상을 스스로는 찾아내기 어렵습니다. 친구와 다툼이 생겼을 때, 때리는 것보다는 대화로 해결하는 것이 당연히 더 좋습니다. 하지만 울컥 화가 치밀어 오르면 주먹부터 나가거나 물건을 집어 던지는 것이 습관인 아이라면 말로 표현하는 것이 어렵기도 하거니와 자동적인 행동을 억눌러야 하니 답답하고 짜증이 날 것입니다. 이것이 '더 좋은 선택이다'는 것은 답답함에 가려져 잘 느껴지지 않지요.

하지만 분명하게 보상은 따라옵니다. 노력하다 보면 대화로 해결하는 것이 더 멋진 방법이라는 것을 깨닫는 날이 분명히 올 것입니다. 부모는 옆에서 이 과정을 도와줄 수 있는 가장 좋은 파트너입니다. 내가 보상과 벌을 손에 쥐고 아이를 통제하려고 하기보다는, 아이가 때리지 않고 말로 표현한 그 순간에 기쁨을 느낄 수 있게 말해주세요. 네가 얼마나 멋있었는지, 네가 얼마나 잘했는지를 인정해주어 아이가 행동에 담긴 보상을 발견할 수 있도록이요. 뒤에 소개할 축하와 칭찬의 기술을 이용해 아이가 숨겨진 보상을 찾아내어 누릴 수 있도록 도와주는 것이 제가 가장 추천하는 방법입니다.

셋째, 꼭 하나의 보상 시스템만 있어야 하는 것은 아닙니다. 우리가 사는 세상은 복잡하기 때문에 여러 요인들의 영향을 받기 마련입니다. 매일 하는 바이올린 연습이 좀 지겹긴 하지만, 연말에 가족들 앞에서 리사이틀을 멋지게 마치고 나면 어깨가 으쓱해집니다. 코딱지 파는 것이 재미있어도 친구들이 놀리면 멈추기도 하고요. 글쓰기가 재미있어서 쓰는 아이도 있고, 상을 받고 싶어 쓰는 아이도 있죠. 1등 상을 탄 것이 순수하게 기쁜 아이도 있고, 친구들 사이에서 상장을 받는 것이 우쭐한 아이도 있습니다. 그런데 대개 글을 잘 쓰고 상도 많이 타는 아이들은 이 즐거움을 다 느끼고 있습니다. 그리고 결국에는 '나는 글 쓰는 아이야'라는 정체성으로 이어지고요. 내일도, 모레도 계속해서 쓰게 됩니다. 외부에서 주어지는 보상이 없는 날에도 내면의 즐거움을 통해 쓸 수 있고, 잘 안 써지는 날에는 다음 대회를 생각하며 한 번 더 힘을 내보기도 합니다. 마음처럼 대회 결과가 나오지 않았을 때는 그만두고 싶을 때도 있겠지만 나의 글을 읽으며 언제나 웃어주는 엄마, 아빠를 보며 다시 힘을 냅니다. 고작 글쓰기 숙제를 마치면 사탕 하나 쥐여주면서 아이의 인생을 바꿀 수는 없어요. 사탕 하나는 오늘의 숙제를 끝내게 해줄 수는 있지만 글 쓰는 아이를 만들지는 못합니다. 풍부하고 많은 보상, 내면에서 우러나는 행복과 외부에서 주어지는 인정이 아이를 이끌어줍니다. 많은 보상을 발견하여 오랫동안 누릴 수 있도록 도와주세요.

축하의 기술: "해낸 것을 축하해"

가장 간단한 보상을 소개합니다. 내적 동기를 해치지도 않고, 부모 입장에서도 대단한 노력이 필요하지도 않습니다. 바로 아이가 해낸 것을 축하하는 것입니다. 축하란 성과나 사건에 대해 기뻐하는 감정을 표현하는 것입니다. 악기 발표회 같은 중요한 이벤트가 있었거나 한 권의 문제집을 끝까지 풀어낸 것과 같이 큰 목표를 달성했을 때는 물론이고, 이를 혼자 닦았거나 이불을 정리한 것과 같이 매일 작은 성공의 여정을 함께 기뻐하고 기념하며 아이를 특별하게 대우하시면 됩니다. 아이의 생일을 축하하듯이요.

- 발표회를 잘 마친 것을 축하해. 연주가 정말 멋졌어!
- 시험 공부하느라 그동안 수고했지?

오늘은 네가 좋아하는 피자 먹으러 가자!

축하의 기술은 수학 점수 10점이 오르면 원하는 것을 사주는 대가성 보상과는 다릅니다. 내가 아이의 행동을 평가하고 성과에 따라 대가를 지급하겠다는 사장님의 관점이 아니라, 아이의 행동을 지켜보고 응원하며 특별한 순간을 함께 기념하는 동료이자 관객, 혹은 팬의 관점에서 생각하시면 됩니다. 축하는 아이의 성과가 아이의 노력임을 인정하는 방법이고, 아이가 스스로 이룩한 것을 더 크게 기뻐할 수 있는 방법입니다. 축하는 삶을 긍정적으로 바라보게 훈련하는 방식이고, 보상 신호를 증폭시키는 방법입니다. 너의 성취가 너만 기쁜 것이 아니라 나도 함께 기쁜 것이라고 알려주고, 기쁨을 겉으로 표현함으로써 감정의 경험을 크게 키웁니다. 도파민을 증폭시켜야 더 확실하게 뉴런이 연결된다는 말 기억하시죠? 아무리 작은 성취라도 함께 축하함으로써 행동을 크게 강화시킬 수 있습니다.

안타까운 것은 한국 문화는 축하를 부끄러워한다는 것입니다. 속으로 기뻐도 겉으로는 겸손하게 표현하죠. 사실은 우리 아이의 피아노 연주가 자랑스럽지만 "다른 아이들도 다 하는 건데요 뭘. 이번에 운이 좀 좋았나 보죠"하며 낮추어 말합니다. 너무 좋아하는 모습을 보이면 체면을 잃거나, 아이가 우쭐하게 될까 봐 걱정을 하면서요. 걱정하실 것 없어요. 아이의 성취를 과장되게 표현하거나 듣는 사람들의 기분을 생각하지 않고 동네방네 소문내라는 뜻은 아니니까요. 제가 권하는 축하의 방법은 이렇습니다.

- 아이의 눈을 바라보면서(아이가 없는 자리에서 말고)
- 아이를 위하여(나의 만족을 위해서 말고)
- 순수하게 기뻐하라는 뜻입니다.

우리 아이가 처음 걸음마를 시작하고, "엄마"라는 단어를 내뱉었을 때처럼요. 맞은편에서 팔을 활짝 벌리고 "그렇지, 그렇지! 한 발만 더!" 하고 응원하다가 마침내 도착하면 꼭 안고 빙글빙글 돌려주는 아빠의 축하는 아이를 더 걷게 합니다. 10번 중에 9번을 실패했더라도 1번의 성공을 했을 때 기뻐해주세요.

그럼에도 불구하고 축하가 어색하고 어떻게 시작해야 할지 고민되는 분들을 위해 제가 사용하는 축하 방법들을 몇 가지 소개합니다.

- 박수 치기 혹은 하이 파이브 말로 표현하기 어려우신가요? 하이 파이브를 하세요.
- 예(yay)! 하고 외치기 숙제를 다 했나요? "예~"하고 외치세요. 하이 파이브를 함께 하거나 주먹을 불끈 쥐면 더 효과가 좋습

니다.

- **노래하기 혹은 춤추기** 처음으로 용기내어 나물을 먹었나요? 벌떡 일어나 축하 노래를 부르세요. (저는 '전국 노래자랑' 오프닝 음악을 주로 이용합니다. 어깨춤을 추며 부르면 아주 신나요.)

- **건배** 취나물을 먹은 ○○이를 위하여 건배! 하면 모두 물잔을 높이 듭니다. 건배라는 단어는 화이팅, 최고 등 다른 것으로 바꾸어도 됩니다. 비슷한 방법으로는 만세삼창이 있습니다.

- **강강술래** 초등학교에 입학하고 처음으로 공부를 시작하던 아들을 위해 개발했습니다. 숙제를 마치면 엄마와 동생이 다 함께 손을 잡고 '강강술래'를 부르며 서너 바퀴 돕니다.

- **기념 사진 찍기** 아이의 성취가 있는 날에 기념사진을 찍어두세요. 처음 울지 않고 치과에 간 날, 치실에 성공한 날, 양치질 혼자 한 날 등 기념할 날은 많이 있습니다. 액자에 넣어두고 손님이 왔을 때 자연스럽게 이야기를 나누면 두 번 축하하는 효과가 있답니다.

- **축하 카드 쓰기** 축하는 가급적 바로 해주면 좋지만 그렇지 못할 때도 있죠. 성공의 순간에 함께할 수 없다면 메시지를 남겨주세요.

- **작은 파티나 선물하기** 수학 문제집을 다 풀면 큰 장난감을 사주겠다고 대가성 보상을 내걸기보다는 아이가 애써 수학 문제집을 풀어냈다면 예상치 못한 선물을 해보세요. "그동안 열심히 노

력했지? 정말 축하해"라고 말하면서요. 혹은 책거리 파티도 좋습니다. 예측하지 못한 보상은 도파민을 더 많이 분비시킵니다.

- **상장이나 인증서 발급** 아이가 특별히 노력한 것이 있다면 상장을 만들어 수여식을 해보세요. '지난 한 달간 수저 놓기를 잘하여 이 상을 수여함'이라고 쓰시면 됩니다.

- **인터뷰 하기** 셀러브리티가 된 것처럼 인터뷰를 해보세요. "어떻게 이 어려운 수학 숙제를 끝까지 마무리할 수 있었나요? 비결이 있나요?"라고 질문을 하는 거죠. "네, 우리 선수 오늘 끝까지 힘내서 잘 싸워줬습니다. 다음 주에도 또 다른 경기를 앞두고 있는데요. 앞으로의 각오는 무엇인가요?" 쑥스러워하면서도 어깨가 으쓱해질 거예요. 영상으로 남겨두면 추억이 되기도 하고요.

칭찬의 기술: 결과보다 과정을 칭찬하라는 말에 대하여

부모가 가장 잘할 수 있고, 강력한 효과를 만들 수 있는 보상의 기법은 바로 칭찬입니다. 부모의 칭찬은 큰 힘이 있습니다. 하지만 무턱대고 '잘한다, 잘한다'만 반복해서는 한계가 있습니다. 부적절하거나 과도한 칭찬은 의도치 않게 아이의 행동을 안 좋은 방향으로 이끌기도 하고요. 어떤 칭찬을 하는 것이 좋을까요?

스탠퍼드 대학교 심리학과의 캐롤 드웩 교수(Carol S. Dweck)의 마인드셋 이론은 이런 질문에서 시작합니다. 교실 안의 어떤 학생들은 처음에는 공부를 잘 못했지만 계속 노력을 하여 성적이 올라가고, 어떤 학생들은 낮은 성적에 머물러 있거나 오히려 점점 떨어집니다. 왜 이런 일이 일어나는 것일까요?

캐롤 드웩 교수는 성적이 오르는 집단과 성적이 떨어지는 집단을 비교하여 중요한 차이점을 발견합니다. 성적이 오르는 집단의 학생들은 '높은 성적은 내가 노력해서 만드는 것이다'라는 생각을 갖고 있는 반면, 성적이 오르지 않는 집단은 '높은 성적은 천재, 타고나기를 똑똑한 아이들이 받는 것이다'라고 생각한다는 점이었지요. 그 두 가지 생각을 마인드셋이라는 이름을 붙여 구분해보았습니다.

- 고정 마인드셋(fixed mindsets) 인간의 능력은 고정된 것이며, 나중에 노력해도 변하지 않는다.
- 성장 마인드셋(growth mindsets) 인간의 능력은 경험과 연습, 노력을 통해 성장한다.

이 두 가지 마음가짐은 살면서 경험하는 성공과 실패를 받아들이는 데에 영향을 미치고, 다음 단계로 나아가는 데에 발판이 되기도 하고, 장애가 되기도 합니다. 예를 들어, 시험 성적이 생각만큼 나오지 않았다면 고정 마인드셋의 학생은 '나의 능력은 부족하구나. 역시 수학은 내 길이 아니야. 공부해봤자 소용도 없잖아. 나는 수학 머리가 없어'라며 수학 공부를 포기하기 쉽습니다. 성장 마인드셋의 학생은 '이번에 성적이 낮은 걸 보니 공부가 부족했던 것 같아. 나름대로 공부를 했는데 뭔가 놓친 것이 있나 봐'라고 더 노력을 하거나 새로운 공부 방법을 탐색해볼 수 있습니다. 이런 과정을 오랫동안 거치게 되면 마인드셋에 따라 발전의 양상이 달라지게 되는 것이죠.

캐롤 드웩 교수는 어린아이들에게 '똑똑하다(You are smart)'라고 칭찬하는 것을 경계합니다. 고정 마인드셋을 키우는 말이기 때문이죠. 아이가 수학 문제를 풀었을 때 "와, 너 정말 똑똑하구나!"라고 감탄한다면 어떻게 될까요? 단기적으로는 수학에 자신감이 생기고 재미가 붙을지도 모릅니다. 하지만 아이의 마음속에는 두려움이 함께 자리 잡습니다. 문제를 잘 푸는 것으로 나의 똑똑함을 증명해야 한다는 인식이 생기기 때문입니다. 답을 맞히는 것이 똑똑함의 증거라면 답을 틀리는 것은 무엇일까요? 똑똑하지 않다는 증거가 됩니다.

덧셈 연습을 오래 했더라도 곱셈을 배우면 어렵기 마련입니다. 답을 다 맞히는 것, 그리고 빨리 푸는 것 등의 결과로 칭찬을 받아온 아이라면 본인이 잘 풀지 못하는 곱셈 문제는 회피하고 싶어집니다. "잘한다"는 말을 듣지 못하니까요.

이것이 우리가 결과가 아닌 과정을 칭찬해야 하는 이유입니다. 무언가를 배울 때는 잘 못하는 것이 당연합니다. 잘 못하는 것을 지속하는 것은 누구나 힘든 일입니다. 내가 잘하지 못할 때는 당연히 밖에서 상이나 인정도 받기 어렵습니다. 그러니 부모인 우리가 그 과정을 봐줘야 합니다. 좋은 결과물로 가는 그 과정을 칭찬해서 끝까지 갈 수 있도록 도와주는 것입니다.

누구나 1등 했을 때, 100점 맞았을 때는 쉽게 칭찬할 수 있습니다. 하지만 눈에 띄는 성과가 없을 때 칭찬하는 것은 매우 어려운 일입니다. 우리가 그런 칭찬을 받아본 적이 별로 없기에 더 그렇습니다.

칭찬의 기술은 관찰의 기술입니다. 과정을 칭찬하기 위해서는 과정을 알아야 하기 때문입니다. 과정을 알기 위해서는 관심이 우선입니다. 아이의 행동에 관심을 기울이세요. 아이가 노력하는 모습, 변화하는 모습을 발견할 수 있을 거예요. 발견이 없는 칭찬은 껍데기에 지나지 않아요. 아이의 행동에 숨겨진 멋짐을 발견하고, 인정하고 감탄해주세요. 그것이 칭찬의 기술입니다.

무엇을 발견해야 할지 어렵다면, 여기 몇 가지 칭찬의 아이디어를 드릴게요. 여기에서부터 시작해서 조금씩 연습해봅시다.

- **(실패했더라도) 노력 발견하기** 어금니까지 칫솔질하기 어렵지?

맞아, 그쪽이 칫솔이 잘 안 닿아서 어려워. 그래도 안쪽까지 닦으려고 노력했구나.

- **개선 발견하기** 어제보다 세면대에 물이 훨씬 덜 튀겼는걸? 물을 살살 뱉으려고 조심했구나.

- **발전 발견하기** 우와, 지난달에는 앞니만 혼자 닦을 수 있었는데, 이제 안쪽도 제법 잘 닦는걸?

- **남을 위한 마음 발견하기** 친구에게 장난감을 양보해주었구나. 다른 사람을 배려하는 모습이 멋지다.

- **자발성 발견하기** 엄마가 말하기 전에 가방을 다 준비해뒀네!

- **정성 발견하기** 티셔츠를 정말 반듯하게 개어 놓았네. 예쁘게 정리하려고 정성을 다했구나.

- **참을성 발견하기** 병원에서 기다리느라 힘들었지? 사람이 정말 많더라. 지루했을 텐데 잘 참아주었어. 네 덕분에 동생 진료를 잘 마쳤다.

- **창의성 발견하기** 새 깃털을 알록달록하게 표현했네. 어떻게 그런 생각을 하게 됐는지 궁금하다.

- **(실패했더라도) 교훈 발견하기** 아, 보라색을 만들고 싶었는데 너무 어두운 색이 되어버렸구나. 왜 그렇게 되었을까? 파란색을 너무 많이 넣었다고? 좋은 발견이다. 그럼 파란색을 좀 줄여볼까?

- **용기 발견하기** 새로운 것을 시도하는 건 어려웠을텐데. 정말 용감한 도전이었어.

칭찬은 단순히 행동을 강화시키는 것에 그치지 않습니다. 행동이 강화되는 기준을 가르치게 됩니다. 외적 보상은 눈에 드러나는 행동만을 강화할 수 있지만 칭찬은 아이의 숨겨진 마음과 의도, 아이가 쏟은 노력과 열정을 인정하는 것이 가능합니다. 결과에 대한 칭찬을 듣는 아이에게는 '결과를 만들어내는 것이 중요하다'는 기준을 가르치고, 과정에 대한 칭찬을 듣는 아이에게는 '성장하는 과정이 중요하다'는 것을 가르치는 것입니다.

습관 형성은 단련의 과정입니다. 마음먹은 것을 바로 내 것으로 만들지는 못 하기 때문에 습관적 행동이 자동화되기까지는 반드시 실패와 좌절을 경험하게 됩니다. 월요일부터 목요일까지 일찍 일어났는데 금요일 하루 늦게 일어나면 좌절이 몰려옵니다. "아, 이번 주 전부 일찍 일어날 수 있었는데 또 실패했어! 도저히 못 하겠어!"

매일 늦잠을 자던 아이는 아침에 일찍 일어나는 것이 힘듭니다. 만약 일찍 일어나겠다는 다짐을 하지 않았다면 어땠을까요? 평소와 다름없이 늦잠을 잤을 것이고, 무엇에도 실패하지 않았을 것입니다. 내가 실패한 이유는 일찍 일어나려는 노력을 했기 때문입니다. 나는 아직 아침형 인간은 되지 못했지만, 노력하는 사람인 것은 사실입니다. 실패는 노력의 짝이니까요. 또 지각할 것 같다고 울상을 지은 아이에게 말해주세요.

실패했다는 것은 네가 노력했다는 증거야.
(Failure means you're trying.)

- 이번 주에는 4일 일찍 일어났잖아. 너는 변하고 있어.
  실패는 네가 노력했다는 증거야.
- 목표한 시간보다는 늦게 일어났지만 지난 주보다 5분 더
  일찍 일어났잖아. 네가 노력하고 있다는 것이 중요해."
- 그러게. 하루를 놓쳐서 정말 아쉽겠다.
  다음 주에 다시 도전해보자!

실패한 순간에도 칭찬은 가능합니다. 오늘 잘되지 않은 것은 내일 다시 할 기회가 언제나 주어집니다. 오늘 밤은 좀 더 일찍 자볼까요? 내일 아침엔 알람 시계를 좀 더 가까이에 두는 것은 어떨까요? 아니, 오히려 멀리 두면 알람을 끄러 걸어가야 하니까 잠이 더 잘 깰지도 몰라요. 우리 아이는 노력할 것이고, 내일은 조금 더 성실한 사람이 되고, 한 달 뒤에, 그리고 일 년 뒤에는 더욱 성실한 사람이 될 것입니다. 끝까지 도달할 수 있도록 과정을 칭찬해주세요.

칭찬이 독이 될 때

"저는 칭찬을 많이 해주는데도 왜 아이가 변하지 않을까요?"

심리학은 자존감이 중요하다고 합니다. 자존감이 높은 사람은 더 행복하게 살고 더 성공한다고 합니다. 우리는 그 말을 과도하게 믿은 나머지 아이를 추켜세워주기 시작합니다. 아이의 수가 점점 줄어들고 있습니다. 이제는 엄마, 아빠, 양가의 조부모를 통틀어 여섯 명(이모, 삼촌까지 일곱, 여덟 명)의 어른들이 단 한 명의 아이를 24시간 보며 끊임없이 말합니다.

"너는 최고야."

"이게 정말 네가 그린 그림이야? 정말 잘 그렸다. 이다음에 커서 화가가 되겠어."

"우와~ 우리 ○○이가 쓰레기를 버릴 수 있어? 진짜 대단하다."

의미 없는 칭찬, 정당하지 않은 칭찬은 독이 됩니다. 아이 스스로 자신을 객관적으로 바라보기 어렵다는 것입니다. 아이가 어릴 때에는 별로 문제가 되지 않습니다. '황금 똥'을 누었다고 칭찬받아도 괜찮습니다. 하지만 아이가 사회에 속하고 점차 객관적인 평가를 받게 되는 나이가 된 이후에도 과한 칭찬을 쏟아부으면 오히려 자존감에 해가 됩니다.

때때로 우리 아이는 최고가 아닙니다. 물론 나에게는 최고이지만 세상의 모든 사람에게 최고는 아니지요. 아이가 그린 그림은 미술대회에서 1등을 하지 못합니다. 쓰레기는 네 살 정도 되었으면 누구나 버릴 수 있습니다. 그리고 어느 정도 큰 아이는 스스로 그 사실을 알게 됩니다. 그럼에도 불구하고 특별하지 않은 행동을 계속 특별하다고 칭찬하는 것은 오히려 아이의 자신감을 해칩니다.

자신의 행동이 좋은 방향으로 가고 있을 때 아이는 스스로 그것을 깨달을 수 있습니다. 우리의 칭찬은 그 기쁨을 함께해주는 것, 스스로 느끼는 그 자랑스러움을 공유하고 인정해주는 것입니다. 아이가 좌절할 때 힘을 주는 것입니다. 갈수록 아이는 깨달을 수 있을 거예요. 자신의 노력과 좋은 행동이 좋은 결과를 만들어낸다는 사실을요. 네가 한 행동이 좋은 선택이었다고 인정해주는 것과 아무것도 아닌 일에 자꾸 최고라고 하는 것은 다른 일입니다. 내 아이를 세상에서 가장 사랑하는 것과 내 아이가 세상에서 제일 (다른 아이보다) 중요하다고 하는 것은 다른 말입니다. 내 마음을 들여다보고 내가 지금 아이에게 하고 싶은 말이 '사랑해'인지 '잘했다'인지 잘 골라서 사용하세요. 사랑은 무조건적이어야 하고, 칭찬은 정직해야 합니다.

05

부모도 아이도
편안한 루틴 만들기

습관을 만들기에 가장 좋은 방법의 하나는 바로 루틴입니다. 루틴이란 일련의 행동을 언제, 얼마나 자주, 어떤 순서로, 어떤 방식으로 진행하는가에 대한 정해진 패턴을 의미합니다. 하나의 행동이 아니라, 여러 행동의 진행을 지칭하는 것이 특징입니다. 줄줄이 소시지처럼 행동들이 연결되어 있기 때문에 꼭 해야 하는 행동들을 한 번에 해치울 수 있는 장점이 있습니다.

루틴은 뇌를 안정시킨다

좋은 아침 루틴은 하루를 힘차게 시작할 수 있도록 돕고, 좋은 수면 루틴은 규칙적인 수면 습관과 숙면에 도움이 됩니다. 건강한 루틴은 몸과 마음의 건강을 높여 인지 기능을 상승시키고, 불안과 스트레스를 낮추며, 우울증이나 양극성 장애와 같은 정신 질환을 다스리는 데에도 좋은 영향을 미칠 수 있어요. 습관 행동이 여럿 묶여 있음으로 인해 우리의 인지적 에너지를 더 아껴주지요. 무엇보다 반복되는 루틴은 아이들이 다음 상황을 예측할 수 있도록 도와줍니다. 예측이 가능한 상황들은 긴장을 완화시키고 불안을 낮추어줍니다. 새로운 환경에 적응하는 것이 오래 걸리고, 자극에 예민한 아이들에게 특히 추천하는 방법입니다.

루틴의 대표적인 예는 씻는 방식입니다. 사람마다 고유한 루틴이 있기 마련이죠. 저의 씻기 루틴과 첫째인 서하의 씻기 루틴을 예시로 들어볼게요.

엄마의 씻기 루틴

양치질 ▸ 옷 벗기 ▸ 머리 감기 ▸ 몸 씻기 ▸ 로션 ▸
옷 입기 ▸ 헤어드라이어로 머리 말리기

서하의 씻기 루틴

옷 벗기 ▸ 몸 씻기 ▸ 머리 감기 ▸ 로션 ▸
옷 입기 ▸ (한참 놀다가 자기 전에) 양치질

저는 머리를 먼저 감고 몸을 씻습니다. 선 채로 머리를 헹구면 샴푸가 몸으로 흘러내리기 때문에 그편이 더 깨끗하게 마무리된다고 생각하거든요. 서하는 얼마 전까지만 해도 머리를 먼저 감았습니다. 엄마도 아빠도 머리 먼저 감기 때문에 아이가 어릴 때부터 그 순서대로 씻겨주었고, 자연스럽게 그 흐름을 익히게 되었죠. 그런데 서하는 얼굴에 물이 묻는 것을 불편해하기 때문에, 머리를 먼저 감으면 머리카락에서 물이 흘러내릴 때마다 얼굴을 어푸어푸 문지르게 됩니다. 그래서 몸을 먼저 씻는 것으로 바꾸어보았습니다. 훨씬 편하다고 합니다. 서하는 머리가 짧아서 수건으로 탈탈 털기만 하면 금방 마릅니다. 머리 말리기 단계가 생략되었습니다. 이렇게 어떤 원인이 작용하여 (그것을 의도했든 의도하지 않았든 상관없이) 행동들의 순서를 결정하고, 같은 순서대로 반복하면 점점 루틴으로 굳어집니다.

위의 루틴은 아주 간단한 버전에 불과합니다. 이 행동들을 훨씬 더 잘게 쪼개어보면 우리의 씻기 루틴은 생각보다 복잡하고 정교하다는 것을 알게 됩니다. 지금 한번 생각해보세요. 욕실에 들어갈 때 문을 열고 불을 켜요, 아니면 불을 켜고 문을 여나요? 샤워할 때는 물을 왼손으로 트나요, 오른손으로 트나요? 비누 거품을 칠할 때는 팔 먼저, 아니면 몸통 먼저? 어때요, 어마어마하게 많은 수의 행동 선택이 일어나고 있죠?

굳어진 루틴은 우리의 에너지를 줄여줍니다. '오늘은 머리 먼저 감아야지. 아니, 발을 먼저 씻어야 하나? 어제는 어떻게 했었지?'라는 생각을 매번 하지 않아도 자연스럽게 흐름을 따라가며 할 일들을 완수할 수 있습니다. 뇌는 예측할 수 있는 상황에서는 일을 열심히 하지 않습니다. 열심히 일하지 않기 때문에 에너지를 아끼게 됩니다. 샤워 순서가 몸에 익었다면 우리는 샤워하면서 노래를 부를 수도 있고 (저희 딸이 무척 좋아합니다), 내일 있을 발표문을 머릿속에서 연습해볼 수도 있습니다. 물론 연습을 너무 열심히 하다 보면 평소보다 따뜻한 물에 오래 서 있게 될 수도 있지만, 그 정도는 금방 제자리로 돌아옵니다.

척척 실행되는 루틴을 만드는 비결

루틴을 만든다는 것은 쉽게 말해 행동 A 다음에 행동 B를 붙이는 것입니다. 무에서 유를 창조하는 방법도 물론 가능하지만, 아이의 일상을 관찰하여 이미 있는 행동 A에 새로운 행동 B를 붙여보는 것도 좋습니다.

예를 들면 다음과 같습니다.

A 아침 식사 + B 비타민 먹기

A 저녁 식사 + B 이 닦기

A 외출복 벗기 + B 빨래통에 넣기

A와 B라는 행동의 연결 고리를 충분히 익히고 나면 A를 한 뒤에는 자연스럽게 B가 떠오르게 됩니다. 습관 형성의 메커니즘에서 이야기한 '신호'가 루틴에서는 바로 앞의 행동이 됩니다. 행동 A를 하면, 그 자체가 신호가 되어 B를 촉발하는 형식입니다. 머릿속에 행동의 기준이 생겨난 것이죠. A와 B 사이에 다른 것이 끼어들지 않고, 자연스럽게 흘러갈 수 있도록 연습합니다. 연결이 자연스러우면 머릿속에 자리 잡기 더 쉽습니다.

A 아침 식사 + B 비타민 먹기

식사와 비타민 먹기는 '먹는다'는 의미에서 볼 때 행동의 카테고리가 비슷하고, 비타민을 물과 함께 먹는다면 약통과 물, 물컵 등이 이미 식탁과 가까이에 있을 가능성이 높기 때문에 루틴화하기 쉽습니다.

A 아침 식사 + B 쓰레기통 비우기

식사와 쓰레기통 비우기는 행동의 연관성이 적고, 식탁 바로 옆에 쓰레기통이 있진 않겠죠. 아침 식사는 잠옷을 입은 채로 할 수도 있겠지만, 쓰레기통을 비우기 위해 밖으로 나가려면 옷을 갈아입는다거나, 외투를 입고 신발을 신는 등의 추가 행동이 사이에 끼어들어야 하기 때문에 루틴화하기 어려울 수 있습니다. 하지만 쓰레기통 비우는 날(예를 들면 목요일)을 정하고, 그날은 아침 식사 후에 쓰레기통을 정리하겠다는 계획을 세워두고 실천하면 이것은 주간 루틴(weekly routine)으로 자리 잡을 만합니다. A가 B를 자연스럽게 따라오도록 한다기보다는 B를 하는 시간을 A 다음으로 계획해둔 것에 가깝습니다. 연결성은 조금 떨어지더라도, 어떤 일을 쉽게 기억하기 위해 이런 방식을 사용하셔도 좋습니다.

A 아침 식사 + B 비타민 먹기 + C 이 닦기

이미 만들어져 있는 루틴에 행동을 하나 추가하는 것도 가능합니다. 아침을 먹고 이를 닦는 습관이 있는 아이에게 비타민 먹기를 중간에 끼워 넣어 소개하면, 이미 있는 루틴에 추가된 행동이기 때문에 기억하기 쉽습니다.

A 아침 식사 + B 노래 부르기

아마도 이런 루틴을 만들 생각은 없었을 거예요. 하지만 푹 자고 일어난 아이가 맛있는 밥까지 먹고 나니 기분이 좋아지고, 저절로 노래가 나옵니다. 하루 이틀 하다 보니 하루를 시작하는 즐거운 루틴으로 자리 잡았습니다. 이제는 밥을 다 먹으면 그릇을 치우며 가족들이 다 같이 노래를 부릅니다. 신나는 음악을 틀고 엉덩이를 씰룩대기도 하고요. 온 가족이 신나는 하루를 시작하는 행복의 루틴입니다. 하지 않을 이유가 없습니다.

루틴 순서만 바꿔도 저절로 지켜진다

루틴이 언제나 우리를 도와주는 것은 아닙니다. 의도치 않게 생긴 루틴이 우리를 방해하는 경우도 많습니다.

A 아침 식사 + B 장난감 가지고 놀기 +
C 이 닦으라고 부르면 도망 다니기 + D 혼나고 이 닦기

이 닦기를 싫어하는 서준이의 루틴입니다. 밥을 먹고 나면 놀러 갑니다. 양치하자고 부르는 아빠의 목소리는 재밌는 놀이 시간을 방해하는 요인이 됩니다. 도망을 갑니다. 방으로 도망가 버리기도 하고, 못 들은 척 자동차 장난감으로 더 큰 소리를 내

며 뛰어다니기도 합니다. 결국 등원 시간이 다가오면 "빨리 이 닦으라고 했지?" 하며 혼나는 소리가 들립니다. 그제야 잔뜩 인상을 쓰며 욕실에 가서 이를 닦습니다. 안타깝지만 이것도 루틴입니다. 도망 다니고 혼나는 시간을 끼워 넣어 이 닦는 시간을 지연시키고 있지요.

A 아침 식사 + B 이 닦기 + C 장난감 갖고 놀기

순서를 바꾸어봅시다. 양치질을 싫어하는 아이는 식사 뒤에 놀다가 이를 닦자며 다시 부르면 거부하기 마련이죠. 노는 게 훨씬 좋으니까요. 밥 먹은 뒤에 반드시 이를 닦도록 하고, 이 단계를 완료하지 않았다면 다음(특히 아이가 좋아하는 것, 장난감 갖고 놀기)으로 넘어가지 않도록 하여 A부터 C까지를 하나로 연결합니다. A와 B가 자연스럽게 연결되도록 도와줄 수 있는 축하와 설탕 코팅을 사이사이 이용할 수도 있습니다.

아침 식사 ▸ 식기를 싱크대에 가져다 놓기 ▸ 비타민 먹기 ▸ 물 마시기 ▸ 아이가 좋아하는 노래를 부르며 욕실로 가기 ▸ 손 닦기 ▸ 이 닦기 ▸ 이를 다 닦은 것을 기념하는 축하 (예 이~ 하고 보여준 다음 엄마랑 하이 파이브) ▸ 장난감 상자를 향해 누가누가 빨리 가는지 달리기 경주 ▸ 신나게 놀기

자, 이제 "양치질해야지. 언제 할 거야? 빨리 와! 늦었어!" 외치는 것보다 즐거운 아침을 보낼 수 있을 거예요.

아이 귀에 쏙쏙 박히는 루틴 이름 짓기

눈에 보이는 신호

루틴이 몸에 완전히 익기 전까지는 당연히 A만 하고 B는 빠뜨리는 순간들이 있습니다. 이때에는 잠시 멈추어 점검할 시간이 있으면 좋아요. 화장실을 나서기 전에 물을 내렸는지, 밖으로 나가기 전에 물병을 챙겼는지 확인하는 것이죠. 자꾸 잊어버린다면 눈에 보이는 신호를 사용합니다. 화장실 문고리에 체크카드를 걸어두거나, 책상에서 떠나기 전에 숙제 리스트를 보면서 빠진 것이 없는지 확인할 수 있도록 눈에 띄는 신호를 설치해놓으면 도움이 됩니다. 글을 아직 읽지 못하는 아이들이라면 그림으로 표현된 루틴 차트를 붙이는 것도 좋은 방법입니다. 공중화장실 거울에 붙어 있는 "나가기 전에 꼭 손을 씻으세요"와 같은 문구들을 떠올려보면 좋은 아이디어를 얻을 수 있을 거예요.

루틴 이름 정하기

루틴의 이름을 정하면 아이들이 이해하기 쉬워집니다. 코로나-19 때문에 아이들이 모두 집에 머물던 시절, 오전 시간은 잠시만 방심하면 한없이 늘어지기 쉬웠지요. 특히 학교에 다니지 않는 유하가 오전 시간을 잘 사용할 수 있도록 (그리고 온라인 수업 중인 오빠를 방해하지 않도록) 아침의 할 일들을 리스트로 만들어주었습니다. 이 일들을 "모닝 체크체크"라고 부릅니다. 아침 식사를 마치고 나면 네 가지 일을 모두 마친 뒤에 거실로 나와야 합니다.

"가서 아빠랑 씻고 와"라고 말해줄 수도 있지만, 그렇게 이야기하면 우왕좌왕 하거나 아빠 말고 엄마를 찾으며 아침 시간

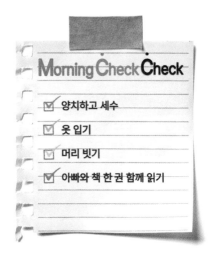

이 부산해집니다. 하지만 '아빠와 책 한 권 함께 읽기'가 하나의 할 일로 들어가 있으니 훨씬 수월합니다. 여러 행동을 덩어리로 묶은 뒤, 그 덩어리 전체에 이름을 붙이면 아이에게 전달이 명료해집니다. 이름이 없다면 "양치해~ 세수해~ 옷은 입었니?" 하는 무한 반복 노래가 되지요. 귀에 쏙쏙 박히고, 이해하기 쉬운 이름을 붙여주세요. 그리고 그 이름에 해당하는 행동이 무엇인지 범위를 설정해서 반복하시면 됩니다. "모닝 체크체크 시작!" 외치면 루틴 행동이 처음부터 시작됩니다.

모닝 체크체크를 완수하고 와서 엄마랑 같이 그림을 그리자고 하면 아이가 좀 더 즐겁게 할 일을 하러 갑니다. 한 달 가까이 반복을 하면 더 이상 체크리스트가 없어도 유하는 식사를 마치면 욕실로 향합니다. 마음에 드는 옷을 챙겨 입고 나면 자연스럽게 책을 고르고요. 유하가 이 일을 모두 마칠 때쯤이면 서하의 아침 조회가 모두 끝납니다. 동생은 오빠를 방해하지 않고 본인의 할 일을 다 마칠 수 있고, 오빠는 동생과 놀고 싶은 유혹 없이 선생님 말씀에 집중할 수 있습니다. 유하의 아침 준비를 담당하는 아빠도 이때쯤이면 잔소리가 줄어들지요.

순서에 이름 붙이기

비슷비슷한 행동들이 여러 개 있다 보면 순서도 헷갈리고, 내가 했는지 점검하기도 쉽지 않습니다. 이럴 때는 순서 자체에 이름을 붙여주세요.

아동의 건강 행동 전문가인 김원 박사의 이야기를 빌려오겠습니다. 저의 가장 친한 친구이자 세 아들의 엄마입니다. 캘리포니아의 건조한 분지 지역에 살고 있는 이 친구가 언제나 아이들에게 외치는 구호가 있습니다. 바로 '로썬바!'입니다. 로썬바는 로션, 썬크림, 바셀린의 약자로 세수한 뒤에 로션과 선크림을 바르고, 바셀린을 코에 발라서 건조한 기후와 싸워 이기라는 깊은 뜻이 담겨 있습니다.

이와 비슷하게 저도 아들에게 만들어준 아침 노래가 있습니다. "아침에 일어나서 Good Morning"이라는 가사의 노래 아시나요? 제가 어렸을 때 영어 인사를 배우며 불렀던 노래예요. 이 노래를 개사하여 "이 닦고 세수하고 로-션"이라고 노래를 부릅니다. 특히 씻기만 하고 로션을 안 바르고 나올 때가 많아서 '로오~션!'을 강조하여 불러줍니다. 노래는 메시지가 보다 강력하게 뇌에 달라붙을 수 있도록 도와줍니다(수십 년 전에 들은 광고 "손이 가요 손이 가"를 생각해보세요.) 그래도 잊을 때가 많지만 "로션 발랐어? 빨리 발라"보다는 서로 기분 좋습니다.

• 직접 해보는 습관 설계 단계표 •

단계	할 일	주의 사항
1 **목표 정의**	습관 형성을 통해 가고자 하는 목표 지점 정하기 • 우리 아이에게 필요한 것은 무엇인가요? • 우리 아이가 겪고 있는 문제는 무엇인가요? • 우리 아이가 원하는 것은 무엇인가요?	나의 욕심이 아닌 아이의 미래를 기준으로 목표를 잡는 것이 중요해요.
2 **타깃 행동 고르기**	목표를 달성하는 여러 행동 중 타깃 행동 고르기 • 정보를 찾아보고, 가능한 여러 행동을 생각해본 뒤에 고르세요. • 목표와 정확하게 일치하는 행동인가요? • 아이가 통제할 수 있는 행동인가요?	아이의 능력으로 실행이 가능한 행동인지 확인하세요.
3 **보상 정하기**	타깃 행동을 했을 때 따라오는 '좋은 결과' • 눈에 띄는 좋은 결과를 쉽게 찾을 수 있나요? • 아이의 성공을 축하해줄 방법을 생각해보세요. • 아이를 칭찬해주는 말을 미리 생각해보세요.	보상이 아이의 성공을 축하하고 있는지, 아이의 자발성을 억누르고 통제하는 수단이 되고 있는지 점검하세요.
4 **신호 설정**	행동이 실행되어야 할 상황을 명확하게 보여주는 신호 설정하기 • 언제, 어디서 타깃 행동이 일어나야 하나요? • 타깃 행동을 기억하게 도와줄 수 있는 방법이 있나요? • 현재 갖고 있는 습관에 연결시킬 수 있나요?	쉽게 유지가 가능한 신호를 만드세요.
5 **반복**	행동이 쉽게, 자동적으로 일어날 때까지 충분히 반복하세요. • 아이가 충분히 반복할 수 있도록 기다려 주세요 • 반복이 어렵다면 장애물이 있는지 확인하고 습관을 다시 설계하세요.	괴로운 무한 반복은 도움이 되지 않아요. 습관 설계는 언제든 수정이 가능합니다

2부

스스로 해내는
아이의 습관

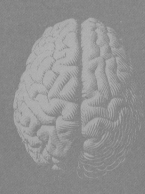

1장

집중하는 뇌를
만드는
세 가지 습관

01

최적의 공부 뇌를 만드는
수면 습관

우리 아이가 수업 시간에 집중하고, 앉은 자리에서 숙제를 마치기 위해 필요한 것은 높은 학습 동기나 강한 의지만이 아닙니다. (게다가 의지력에는 한계가 있다고 말씀드렸지요.) 집중력은 몸과 마음의 건강과 밀접한 관계를 가지고 있습니다. 몸이 피곤하거나 아프면 당연히 집중력은 떨어집니다. 스트레스를 많이 받아도 집중력은 떨어집니다. 기분도 집중력을 뒤흔듭니다. 엄마에게 크게 혼난 날은 서러워서 집중이 잘 안 되고, 저녁에 친구의 생일파티를 하기로 한 날은 신나서 집중이 안 됩니다.

가장 어리석은 결정은 공부를 더 많이 하기 위해 몸과 마음을 건강하게 유지하기를 포기하는 것입니다. 단기적으로는 효과가 있는 것처럼 보이지만 장기적으로는 손해를 보는 결정입니다. 몸과 마음을 건강하게, 최적의 상태로 유지하는 습관을 들이면 같은 시간을 공부해도 더 큰 효과를 발휘할 수 있습니다.

잠은 뇌의 노폐물을 씻는 시간

그중에서도 가장 직접적으로 영향을 미치는 것은 바로 수면입니다. 수면 부족은 집중력의 가장 큰 적입니다. 잠을 적게 자면 우리는 집중할 수 있는 시간이 짧아지고, 무언가에 반응하는 속도가 10배 이상 느려집니다. 마치 음주 운전자가 반응이 느려져 사고 위험이 높아지듯이 말입니다. 잠은 우리가 생존하기 위해 기본적으로 충족되어야 하는 욕구입니다. 잠이 부족하면 우리의 뇌는 비상시라고 생각합니다. 편안하고 안정적일 때에는 눈앞의 과제에 차분히 집중하는 것이 쉽지만 비상시에는 그렇지 않습니다. 수면이 부족한 아이들은 ADHD와 비슷한 증상을 보이고, 수면 부족의 문제가 해결되면 집중력 부족 양상이 줄어드는 보고들도 찾을 수 있습니다.

잠을 줄여가며 공부를 해서 성적을 올린다는 것은 허상입니다. MIT의 연구에 따르면 수면이 일관적으로 유지되어 컨디션이 잘 관리되고, 너무 늦지 않은 시간에 자는 학생들이 더 좋은 성적을 받는다고 합니다. 새벽에 잠이 들거나, 늦잠으로 수면을 보충하는 학생들은 대체로 성적이 낮았고요.

수면은 뇌의 노폐물을 청소하는 시간입니다. 수면이 부족해지면 뇌가 일할 때 만들어진 찌꺼기들이 청소되지 않고 남아 있게 됩니다. 찌꺼기가 낀 뇌라니, 빠릿빠릿하게 제 일을 할 리가 없겠죠. 수면은 새로 배운 기억을 정리하고 단단히 저장하는 기능을 합니다. 잠을 제대로 자지 못하면 낮 동안에 열심히 배운 것들이 저장되지 못한 채 사라져버립니다. 수면 부족은 더 많은 피로를 느끼게 하고, 피로한 사람은 힘든 일을 피하고 싶어 합니다. 열심히 공부할 의욕이 줄어들고 기분도 울적합니다. 즉, 잠을 덜 자면서 공부하는 것만큼 아이의 학습 태도와 성과를 나쁘게 만드는 것도 없는 셈이죠.

규칙적인 수면 습관과 숙면을 돕는 수면 환경의 유지는 어려서부터 아이가 성인이 되어서까지 계속 유지해야 하는 기본 습관 중 하나입니다. 하지만 어른부터 아이들까지 현대 사회는 모두 만성적인 수면 부족에 시달리고 있습니다.

자기 전에 스마트폰을 하면

수면을 관장하는 것은 두 가지입니다. 하나는 활동 일주기,

다른 하나는 수면 압력입니다. 뇌 안의 활동 일주기는 밤낮의 변화와 약 24시간의 주기에 맞추어 신체적, 정신적, 행동적 변화를 일으키는 생체 시계입니다. 이는 낮과 밤을 구분하는 환경적 요인들(차이트게버 Zeitgeber, 시간을 주는 자들이라는 의미. 빛, 소리, 온도 등이 있음)의 영향을 받습니다. 수면 압력은 깨어 있는 시간이 길어질수록 점차 높아지는 수면 욕구입니다. 막 잠에서 깨어났을 때에는 낮고, 점차 높아지다가 밤이 되면 수면 압력을 이길 수 없어 잠들게 됩니다.

사람은 주행성 동물입니다. 빛과 함께 일어나 어둠과 함께 잠들게 되어 있지요. 전기가 발명되기 전에는 늦게 자는 사람은 거의 없었을 것입니다. 캄캄한 밤에 할 수 있는 일이란 별로 없으니까요. 하지만 우리는 이제 해를 따르지 않고 빛을 만들어내게 되었습니다. 언제든 집 안의 빛을 밝힐 수 있고, 집 밖에도 밤새 불빛이 환하며, 손에는 빛을 뿜어내는 작은 전자 기기들이 들려 있습니다. 아이들의 수면을 방해하는 일등 요인은 빛입니다. 빛은 중요한 차이트게버 중 하나이기 때문에 밤 시간의 빛을 차단하는 것이 중요합니다.

습관의 측면에서 생각했을 때 가장 주의해야 할 것은 디지털 미디어의 이용입니다. 화면에서 나오는 빛, 그중에서도 블루라이트는 숙면을 방해합니다.

자기 전에 화면을 바라보면

① 취침 시간이 늦어지고,

② 잠드는 데에도 시간이 오래 걸리며,

③ 얕은 수면을 하거나 자주 깨게 됩니다.

아이들이 저녁에 미디어를 보는 습관을 갖고 있다면 지금 바로 이용 시간을 바꾸시길 권합니다. 어른도 마찬가지입니다. 아이를 재우면서 옆에서 스마트폰을 보는 습관을 버려야 합니다. 자기 전 독서는 숙면을 도와준다고 하지만 디지털 기기로 이북을 읽는 것은 해당되지 않습니다. 자기 전 2~3시간 전부터는 집 안의 조도를 낮추고, 미디어는 보지 않는 것이 좋습니다. 아이와 상의하여 적당한 미디어 시간을 정하고, 그 외의 시간에는 사용하지 않도록 해주세요.

스마트폰을 보던 시간에 갑자기 이것들을 못하게 하면 아이는 지루하고 허전할 거예요. 있는 습관을 없애는 것은 언제나 어렵습니다. 비어버린 시간을 무엇으로 채울지 고민하고 함께 해주세요. 같이 책을 읽어도 좋고, 차를 마시며 이야기를 나누어도 좋습니다. 저녁을 먹고 가족들이 모여 함께하는 보드게임도 좋아요. 그리고 아침에 일찍 일어나는 것으로 수면 패턴 교정을 동시에 진행하면 좀 더 익숙해지기 쉬워집니다.

자는 것은 일어나는 것과 짝꿍입니다. 수면 압력은 아침 기상을 시작으로 점차 높아지다가 잠이 들면 다시 낮아집니다. 수면 압력이 높지 않으면 잠들기 어렵습니다. '수면 압력이 충분히 높지 않으면 잠들 수 없다'는 말을 가끔 '안 졸리면 안 재워도 된다'고 오해하시는 분들도 계십니다. 졸리지 않으면 안 자도 된다는 것이 아니라 일찍 졸리게 만들어야 한다는 의미입니다. 만 6세 아이에게 필요한 수면 시간이 10시간이라고 가정했을 때, 아침 6시에 일어나면 8시쯤 졸리고, 9시에 일어나면 11시쯤 졸립니다. 기상 시간이 불규칙하면 수면 압력이 함께 들쑥날쑥하고, 아이가 졸린데 못 자거나 안 졸린데 억지로 눕히는 날들을 반복하게 됩니다. 규칙적으로 아침에 일어나는 것은 수면 압력의 사이클을 안정시켜 규칙적으로 잠자리에 들도록 우리를 이끌어줍니다.

아침에 일찍 일어나려면

주말에 늦잠을 자는 습관이 있다면 평일과 주말의 기상 시간을 최대한 비슷하게 바꾸어주세요. 일단 〈토요일에 일찍 일어나기〉를 타깃 행동으로 해보세요. 내일 아침에 일찍 일어나야 하니까 '불금'이 줄어들고, 주말 내내 기상 시간을 유지하면 토요일, 일요일 밤에도 비슷한 시간에 잠자리에 들 수 있으니 '월

요병'도 줄어들 거예요. 토요일 아침 식사는 아이가 특별히 좋아하는 것으로 준비하거나, 아침 일찍부터 아빠와 나가서 자전거를 타는 등, 일찍 일어나면 하루를 더 즐길 수 있다는 가르침으로 보상을 주세요.

수면 루틴, 이렇게 하는데도 잠들지 않는다면

규칙적으로 일어난다면 그 다음은 규칙적으로 잘 차례입니다. 잠자리에 드는 시간을 고정시키고 수면 루틴을 만들어보세요. 규칙적인 수면 시간은 뇌의 활동 일주기를 안정화시켜 숙면을 돕습니다. 수면 루틴(혹은 수면 의식)은 연속적인 행동의 끝에 수면을 배치함으로써 아이가 잘 시간을 예측하고 거부감 없이 수면에 들도록 해줄 거예요.

자는 시간을 고정시키는 것은 아이들에게 하루에는 끝이 있다는 사실을 가르쳐줍니다. 자꾸 더 놀고 싶다고 하는 아이들에게는 정해진 시간이 되면 놀이를 마무리하고 정리하는 습관을 길러주세요. 정해진 시간이 신호가 되어 〈놀이의 마무리〉라는 타깃 행동을 실행시키고, 놀이의 마무리라는 행동 자체가 신호가 되어 〈잠자는 방으로 입장〉하는 타깃 행동을 실행시키도록 루틴화 시킵니다. 방에 들어가면 아이를 꼭 안아주고, 옛

날 이야기를 들려주거나 마사지를 해주는 등 애정을 듬뿍 담은 다음 행동을 보상이자 타깃 행동으로 제시합니다. 놀이를 마치고 잠자리 독서로 이어지는 것도 좋은 루틴입니다. 다만, 책을 더 읽겠다는 또 다른 실랑이로 이어지지 않도록 권수를 제한하거나, 거실에서 책을 모두 읽고 잠자는 방으로 장소를 이동하는 것도 좋습니다. '침실'이라는 공간을 수면의 신호로 활용하세요.

- **저녁 루틴**
  저녁 식사 후 가족 놀이 ▸ 저녁 8시 알람 소리(정리 시간으로 전환하는 신호) ▸ 장난감 정리 시간 (아기 상어 청소 놀이) ▸ 거실 불 끄기 ▸ 방으로 입장 (수면 시간으로 전환하는 신호) ▸ 잠자리 독서 ▸ 인사 후 취침

- **수면 루틴** 이불 덮어주기 ▸ 안아주고 인사하기 ▸ 상호작용 끝

그래도 안 잔다고요? 다시 점검해보세요. 아이가 잠을 자는 데 중요한 것은 두 가지, 활동 일주기와 수면 압력입니다. 낮과 밤을 분명히 구분해주고, 아이가 의지로 버틸 수 없을 정도의 수면 압력이 있어야 합니다. 어린 아이라면 저녁을 먹다가도 꾸벅꾸벅 졸 정도, 학령기 아이라면 샤워를 하고 나면 눈이 풀

릴 정도의 피로 말이죠. 그리고 편안하고 차분한 환경에서 잠자리에 들면 됩니다. 풀리지 않은 속상함이나 긴장 등은 역시 숙면을 방해합니다. 혹시 아이가 잠자리에 누워 내일 있을 시험이나 새로운 친구에 대한 걱정을 털어놓으면 잘 들어주세요. 마음이 가벼워지면 더 꿀잠을 잘 수 있습니다. 아이가 자주 뒤척인다면 코가 막혔거나, 어딘가가 가렵거나, 너무 덥지 않은지 살펴주세요.

부모가 만드는 수면 루틴은 거기까지입니다. 모든 것을 충족했고, 잘 자라고 인사를 했다면 부모의 몫은 끝났습니다. 아이에게 사랑한다고 말해주고, 평온한 밤과 좋은 꿈을 축복해주세요. 빨리 재우고 다른 일을 하러 가려고 조급하게 아이를 눕히지 마세요. 엄마 아빠가 나를 떼어내려고 한다는 인상을 주면 아이도 마음이 불안해지기 때문에 수면을 방해합니다. 인사를 하는 마지막 1분이 중요합니다. 마음이 편안한 아이가 잘 자니까요. 그다음은 아이의 몫입니다. 이 이후에 뭔가를 더해야 한다면 부모가 먼저 잠들어버리는 것을 추천해드립니다. 그것만큼 아이에게 "지금은 자는 시간이야"라는 메시지를 전달하는 방법은 없거든요.

탁월한 뇌를 만드는 육아

집중력을 위한 수면 습관

- 충분한 수면 시간과 높은 수면의 질은 집중력과 기억력에 필수입니다.

- 매일 아침 규칙적인 시간에 일어날 수 있도록 계획해 보세요.

- 자기 전에 디지털 미디어를 보지 않도록 하세요.

- 잠자리에 드는 시간을 고정하고, 편안하게 진행되는 저녁 루틴을 만들어요.

- 부모의 사랑이 담긴 밤 인사를 해주세요.

02

뇌에 좋은 연료를 공급하는
식습관

집중력을 좌우하는 두 번째 습관은 바로 식습관입니다. 뇌가 일을 하려면 포도당이라는 연료가 필요합니다. 우리는 스스로 포도당을 만들어낼 수 없고, 음식을 통해 섭취해야 합니다. 혈당의 관리는 곧 집중력의 관리입니다. 과도한 당의 섭취는 단기간에 혈당을 과도하게 상승시킵니다. 이 현상을 혈당 스파이크(blood sugar spike)라고 합니다. 음식을 먹은 사람에 따라 혈당이 오르내리는 폭은 다르지만, 누구든 당이 많이 함유된 음식을 먹을 때에 혈당은 더 빠르게 상승합니다. 혈당 스파이크 상태엔 일시적으로 에너지 수준이 상승하여 활기찬 기분이 들고, 집중력이 오르는 것처럼 느껴질 수도 있습니다. 하지만 이는 일시적인 것입니다. 혈당이 빠르게 올라가면 인슐린이 급증하여 혈당을 안정시키려고 노력하게 되거든요. 이 과정에서 혈당은 다시 빠르게 내려가고, 우리는 더 큰 피로와 처지는 기분을 느끼게 됩니다. 갑자기 처지는 기분에서 벗어나기 위해 또다시 '단 것이 당기게' 됩니다. 어린아이들이 가장 주의해야 할 식습관입니다.

이렇게 급격하게 오르내리는 혈당은 아이의 기분을 요동치게 만들고, 뇌에 필요한 에너지 공급이 불규칙하기 때문에 집중력에 안 좋은 영향을 미치게 됩니다. 따라서 과도한 설탕 섭취를 피하고, 규칙적이며 균형 잡힌 식습관을 유지하는 것이 혈당 수준을 안정적으로 유지하는 방법이며, 이를 통해 아이의 기분과 집중력을 관리할 수 있습니다.

아침밥을 먹어야 공부를 잘한다

아침 식사는 집중력 강화에 중요한 역할을 합니다. 밤새도록 음식을 먹지 않은 몸에게 처음으로 열량을 공급하는 시간이니까요. 건강한 아침 식사는 혈당을 안정화하고, 신체 에너지 수준을 일정하게 유지하는 데에 도움을 줍니다. 아침 식사를 거르거나, 영양이 부족하면 혈당 수준이 너무 낮아질 수 있습니다. 밤사이 소모된 에너지를 보충해주어야 하죠.

아침 식사가 학업 및 교실 내 행동에 긍정적 영향을 미친다는 다수의 연구가 있습니다. 1950년부터 2013년까지의 연구를 분석한 케이티 아돌푸스 교수의 논문에서는 습관적으로 아침을 먹는 학생들이 그렇지 않은 학생들보다 교실 내 태도가 좋으며, 학업 성취도 우수하다는 결론을 내렸습니다. 특히, 수학과 연산 과제에서 분명한 효과를 보인다고 이야기했고요. 아침 식사를 제공할 수 있는 가정 환경 때문이 아니냐고요? 집이 아닌 학교에서 아침 식사를 제공하는 프로그램을 운영하는 경우에도 학생들의 학업 성취가 높아지는 증거들이 있답니다. 영양 면을 검증한 다른 연구들을 살펴보면 아침 식사 습관이 있는 학생들이 더 많은 섬유질을 섭취하고, 지방과 콜레스테롤 섭취가 낮으며, 뇌의 기능에 중요한 영양소인 철분, 비타민 B군, 비타민 D 등을 더 많이 (약 20~60퍼센트) 섭취하는 것으로 밝혀졌습니다.

한국 아이들 중 다수가 아침 식사를 거릅니다. 통계 자료에 따라 다르지만, 초등학생은 약 20~30퍼센트, 고등학생은 약 30~50퍼센트가 아침을 먹지 않는다고 하네요. 아침 식사를 하지 않는 이유로는 가장 첫 번째가 수면 부족이라고 해요. 그다음은 입맛이 없어서이고, 그 다음은 습관적이라고 했다네요. 그런데 이 세 가지는 사실 모두 하나나 마찬가지입니다.

아침을 먹기 위해서는 시간이 있어야 해요. 유치원이나 학교에 가기 전에 아침 식사를 하려면 일찍 일어나야겠죠? 일찍 일어나기 위해서는 어젯밤 일찍 잠들어야 했고요. 충분히 못 잤는데 억지로 깨운들 아이는 입맛이 없기 마련입니다. 이것을 반복하면 '늦게 일어나서 후다닥 나가는 습관'을 갖게 되는 것이죠. 아침 거르는 사람(Breakfast Skipper)의 정체성이 탄생합니다. 제가 자꾸 잠을 강조하는 이유를 아시겠지요?

오늘 당장 "이제부터 아침을 먹어야지!"라고 다짐만 해서는 성공할 수 없다는 것, 이제는 알고 계실 거예요. 수면 습관과 식습관은 파트너입니다. 일찍 자고 일찍 일어나도록 수면 시간을 고정하면 피곤해서 입맛이 깔깔해진 아이가 아니라 충분히 휴식하고 활기찬 아이로 하루를 시작합니다. 적당한 여유를 갖고 정해진 시간에 아침 식사를 합니다. 옆에서 "빨리 먹어라. 학교 늦는다" 잔소리를 들어가며 먹으면 있던 입맛도 달아날 테니까요. 이렇게 매일 반복하면서 "아침 먹는 사람"으로 다시 태어나는 것이죠.

아이에게 아침 식사 습관을 길러주려면 부모의 아침 차리기 습관이 필요합니다. 아직 습관이 되지 않았다면 간편하게 먹을 수 있는 메뉴를 미리 구상하고, 차리기 쉽게 준비해두는 것이 부모의 마찰력을 줄여줄 거예요. 아침 식사가 탄수화물에만 치우쳐 있다면(예: 흰 빵과 잼, 시리얼과 우유), 혈당 스파이크를 일으켜 아이가 오전 시간 동안 흥분과 늘어짐을 왔다 갔다 하게 만드니 주의하세요. 단백질과 좋은 지방, 섬유질을 함께 섭취하면 당에만 의존하지 않고 영양소를 골고루 섭취하게 되어 힘찬 하루를 시작할 수 있을 거예요. 저는 바쁜 시기에는 계란을 미리 여러 개 삶아놓습니다. 아침 식사에 계란 한 알씩만 곁들여도 빵 한 조각보다는 훨씬 좋은 식단이 되니까요. 참, 물도 잊지 마시고요!

똑똑하게 간식을 먹는 아이

아침 식사가 밤사이의 공복을 해소한다면, 간식은 식사와 식사 사이의 교량 역할을 하여 균형 잡힌 식사를 도와줄 수 있습니다. 간식은 똑똑하게 선택해야 합니다. 일단 간식이 정말 필요한지를 점검하는 것이 중요하죠. 아침 식사가 부실했다면 오전 간식이, 점심 식사와 저녁 식사 간격이 넓다면 오후 간식이 필요합니다. 간식은 식사로 부족한 것을 채우는 역할만 해야 합니다. 간식이 식사를 방해한다면 줄이거나 없애야 할 수도 있어요. 만약 충분한 식사와 규칙적인 간식 시간이 있는데도 아이가 계속해서 간식을 찾는다면, 배고픔이 아닌 이유로 먹지 않는지 돌아보세요. 배고픔 외에 먹고 싶다는 욕구를 촉발하는 요인들은 다음과 같습니다.

지루함, 우울, 외로움, 스트레스, 좌절, 짜증, 불안, 분노, 기쁨,
그리고 습관

배고픔이 아닌 감정적인 이유로 간식을 먹고 있다면 지금부터 습관적으로 불필요한 간식을 먹는 패턴을 끊으세요. 아이들이 심심할 때마다 간식을 찾는다면 지루하다는 신호를 다른 행동과 연결시켜야 합니다. 식사 시간에 충분한 음식을 먹도록 하고, 정해진 식사 시간과 간식 시간이 아닐 때는 음식을 주지 않는 것부터 시작하고요. 그다음에는 비어 있는 시간에 할 수 있는 것들을 함께 생각합니다. 나가서 놀 수도 있고, 책을 읽을 수도 있고, 함께 블럭 놀이를 할 수도 있죠. 유치원을 생각해 보세요. 정해진 시간에만 간식을 먹고, 나머지 시간에 마음대로 꺼내먹을 수 없죠? 끼니 사이의 적당한 시간을 '간식 시간'으로 정해두고 그 전후로는 다른 활동을 하도록 지도하면 아이들은 금방 적응할 수 있습니다. 비어 있는 시간에 먹기보다는 놀기를 선택하는 것은 감정적 식사 패턴에서 벗어나는 것과 더불어 심심함에서 스스로 벗어나는 문제 해결 능력과 창의성을 키울 수 있는 똑똑한 방법입니다.

간식을 계속 먹어왔기 때문에 습관적으로 먹는 경우도 있습니다. 제가 한국에서 석사 공부를 할 때였어요. 지하철역에서 내려 연구실까지 가려면 언덕을 올라가야 하는데, 겨울에는 춥

고 길이 미끄러우니 지하철 역사 바로 옆의 건물을 통해 올라
갔습니다. 그 길목에는 카페테리아가 있었지요. 유독 추운 어느
날 밀크티를 한 잔 사 마셨는데, 따끈하고 달콤 쌉싸름한 것이
너무 맛있지 않겠어요? 정신을 차려보니 아침마다 한 잔씩 먹
고 있더라고요. 이렇게 배고픔이 아닌 습관적 행동으로 간식을
먹기도 한답니다. 학교 끝나고 집에 오는 길에 편의점에 들르
고, 학원 다녀와서 찬장 열어보고. 굳이 먹어야 할 이유가 없어
도 습관적으로 먹는 아이들도 많습니다.

만약 규칙적인 시간에 간식을 먹기 어렵다면 간식 그릇을 지
정하여 어느 정도 양을 먹는 것이 간식의 1회 양인지를 알려주
고, 그 이상은 먹지 않도록 양을 통제하는 것도 좋은 방법입니
다. 혹은 식사 시작 시간의 1.5시간 전부터는 간식을 먹지 않
도록 시간을 제한하는 방법도 가능합니다. 안 먹던 간식을 부
쩍 찾는 경우도 있죠. 그럴 때는 부쩍 크려나 보다 생각하고 건
강한 간식으로 보충해주세요. 과자와 젤리 대신 녹색 스무디나
당근 스틱, 견과류를 먹는다고 아이가 불행한 것이 아니란 것
을 기억하시고요.

주의해야 할 간식 습관으로는 야식이 있습니다. 야식은 여러
모로 좋지 않습니다. 먹자마자 눕는 것은 소화에도 좋지 않고
더 많은 열량을 섭취하여 소아비만의 확률을 높일 수 있습니
다. 음식을 먹는 것 자체가 '낮 신호'에 해당되기 때문에 잠드

는 것을 방해하기도 합니다. 이 시간에 먹는 것이 정말 필요한지, 균형 잡힌 영양 섭취를 도와주는 간식인지 방해하는 간식인지 점검해보세요.

눈에 보이지 않아야 다스릴 수 있다

물을 사러 들린 편의점, 더워서 잠깐 쉬려고 들어간 커피숍, 구경삼아 들어가는 마트는 당연히 아이를 유혹합니다. 커피숍은 아이들의 눈높이가 닿는 곳에 주스와 쿠키를 배치하고, 마트 계산대 옆에는 사탕과 초콜릿을 놓아둡니다. 포장지는 알록달록하고, 캐릭터 장난감이 들어 있습니다. 아이들 눈에 쉽게 띄어 먹고 싶어지라고, 그러니까 사달라고 조르라고 놓아둔 장치입니다. 눈앞의 좋아하는 캐릭터 모양이 그려진 사탕을 사달라고 하는 아이가 과연 잘못인 걸까요?

아이가 먹고 싶다고 요구할 때마다 거절하고 막는 것은 훨씬 일을 어렵게 만듭니다. 유혹을 줄이세요. 식습관이 잘 잡혀 있지 않은 아이일수록 편의점과 마트 나들이를 줄이세요. 마트에 가야 할 일이 있을 때마다 분명한 기준치를 미리 알려주고, 새로운 장보기 습관을 정착시키면 됩니다. 아이가 아빠를 위해 우유갑에 적힌 유통기한을 확인해주거나 사과를 고르는 일을 맡기고, 멋지게 미션을 수행할 때마다 칭찬과 인정을 해줌으로써 뇌에게 마트의 의미를 새롭게 가르치세요. 마트는 '사탕 사는 곳'이라는 정의에서 '장보기 미션을 돕는 곳'이라는 정의로 옮겨갈 수 있습니다. 이것저것 사달라고 떼쓰는 아이에서 가정의 일에 보탬이 되는 일꾼으로 정체성을 바꿀 수 있지요.

건강한 간식을 사고, 그렇지 않은 간식은 사지 마세요. 가장 주의해서 통제해야 할 것은 당과 지방, 그리고 카페인입니다. 집 안에 과자와 사탕이 쌓여 있다면 아이는 당연히 먹고 싶어 할 것입니다. 아이에게 허락할 수 있는 양 이상의 간식을 사지 않으면 단순하게 "없다"고 대답함으로써 갈등을 끝낼 수 있고, 아이가 먹고 싶을 때 당장 먹을 수 없다면 '지금부터 옷을 갈아입고 나가서 사다 먹는다'는 큰 마찰력이 행동의 실천을 어렵게 만듭니다. 이미 산 간식은 아이의 눈과 손이 잘 닿지 않는 곳에 보관하고 하루치, 혹은 일주일 치만 꺼내어두세요. 괜히 의지를 시험하지 맙시다.

탁월한 뇌를 만드는 육아

집중력을 위한 식습관

- 내가 먹는 음식이 나의 기분과 집중력을 결정해요.

- 아침 식사를 하도록 온 가족의 습관을 만드세요.

- 규칙적인 식사와 간식 시간을 정해주세요.

- 당과 카페인의 섭취를 제한하도록 알려주세요.

03

집중력을 지키는
디지털 미디어 습관

현대 사회에서 집중력을 갉아먹는 가장 큰 적은 디지털 미디어, 특히 스마트폰입니다. 스마트폰의 과도한 사용과 스마트폰 의존 및 중독은 집중력을 약화시킵니다. 스마트폰이 끊임없이 알림을 보내며 우리를 원래 하던 일로부터 스마트폰으로 주의를 빼앗아가고, 짧은 시간마다 주의를 옮겨 다니는 행동을 유발하기 때문입니다. 그리고 즉각적인 반응을 제공하는 기능이 계속해서 추가되면서 사람들이 스마트폰을 놓기 힘들도록 만들고 있지요. 잦은 주의의 이동과 끊임없는 알림으로 인한 주의 분산을 경험하면 뇌가 일하는 방식도 그에 따라 변화하게 됩니다. 아직 스마트폰 사용에 따른 뇌의 변화에 대해서 많은 연구가 있지는 않지만, 미디어 멀티태스킹을 많이 하는 사람들의 뇌를 관찰한 결과, 주의를 통제하는 데에 중요한 역할을 하는 전대상피질의 부피가 감소된 것을 발견하기도 했습니다.

스마트폰은 우회적으로 우리의 집중력을 갉아먹기도 합니다. 스마트폰의 과도한 사용은 수면 사이클을 교란시키고 숙면을 방해하여 결과적으로 집중력을 낮아지게 합니다. 하루에 스마트폰을 사용하는 시간이 늘어날수록 실제 사람과 소통하는 사회적 교류가 줄어들기 때문에 아이들의 언어 발달과 사회성 발달에 안 좋은 영향을 미치고, 이 역시 결과적으로 대면 상황에서의 집중력(예를 들면, 선생님을 바라보며 설명을 듣는 것)을 감소시킬 수 있습니다. 아이의 집중력을 보호하기 위해서는 미디어 습관을 잘 만드는 것이 중요합니다.

참을 수 없는 지루함에 대하여

초등학교 4학년인 윤민이는 학교가 끝남과 동시에 스마트폰을 꺼내어 보면서 집에 걸어옵니다. 길을 걸을 때, 친구를 만날 때, 밥 먹을 때도 거의 핸드폰을 놓지 않았습니다. 어느 날 아이는 목 안이나 가슴이 간지럽다고 이야기했습니다. 그래서 계속 목을 만지거나 침을 삼키거나 헛기침을 해서 소아청소년과와 이비인후과에 데려가보았지만, 별다른 이상을 찾지 못했습니다. 다행히 윤민이 어머님은 윤민이가 핸드폰을 하지 않을 때 기침을 많이 한다는 것을 눈치챘습니다. 참을 수 없이 속이 근질근질했던 그 느낌의 이름은 '지루함'이었습니다.

지루할 때 '좀이 쑤신다'라고 하죠. 옷감을 갉아먹는 벌레인 그 '좀'입니다. 좀이 옷 속으로 파고들면 얼마나 간지럽고 불편하겠어요. 가만히 있지 못하고 자리에서 들썩들썩하고, 등을 벅벅 긁게 되겠죠. 그래서 마음이 들뜨거나 초조하여 가만히 있지 못한다는 뜻으로 사용하게 되었습니다. 혹은 어떤 말을 하고 싶은 마음이 참기 힘들 때 '입이 근질근질하다'고 표현하기도 하고요. 가만히 있는 상태를 견디기 어려운 마음과 간지러움은 정말 닮아 있나 봅니다. 윤민이는 스마트폰을 보지 않는 동안 참을 수 없는 정도의 지루함을 느끼게 되었고, 이것이 몸속이 간지러운 것처럼 느껴지게 되었습니다.

홈보와 모리스(Holmboe & Morris)의 《지루함에 대하여(On Boredom)》에서는 지루함의 시대가 끝났다고 이야기합니다. 문화 산업, 인터넷, 그리고 디지털 기술로 인해 우리는 더 이상 지루함을 느끼며 시간을 죽일 수 없습니다. 태어날 때부터 스마트폰과 영상 미디어 환경에 노출된 아이들은 갈수록 지루함을 견디지 못합니다. 점차 짧아지고 화려해지는 영상이 높은 수준의 자극을 주기 때문에 그것이 사라지면 조용하고 잔잔한 일상은 견딜 수 없이 지루하게 느껴집니다. 지루하면 방바닥을 뒹

굴며 카펫 무늬를 세거나 라면 봉지 뒤에 적혀 있는 레시피를 읽던 부모 세대와는 다릅니다. 자극에 대한 갈망으로 좀이 쑤시고, 근질근질합니다. 참을 수 없어 스마트폰을 집어 듭니다.

문제는 스마트폰 사용과 지루함이 서로를 부추긴다는 점입니다. 지루할 때 스마트폰이나 다른 미디어를 통해 효과적으로 지루함에서 빠져나온다면 이것은 보상이 되어 행동을 강화합니다.

그런데 스마트폰을 많이 사용하다 보면 스마트폰을 사용하지 않는 시간이 더 지루하게 느껴집니다. 이 지루함은 다시 신호가 되어 스마트폰만큼의 자극이 없는 다른 행동(예를 들어, 숙제나 가족과의 대화 등)에 집중하지 못하고 다시 스마트폰을 집어 들게 합니다. 갈수록 사용 빈도가 증가하고 잦은 반복으로 빠르게 습관이 됩니다.

크게 지루하지 않을 때조차 스마트폰이 알림 신호를 보내 행동을 촉구합니다.

이것을 반복하며 아이들은 점점 더 많은 시간을 스마트폰에 쓰게 되고, 스마트폰이 없는 상태를 견디기 어려워하게 됩니다.

아이 혼자 실리콘밸리 전체와 싸워 이길 수 없다

저는 지금 혁신의 핵심으로 불리는 실리콘밸리에 살고 있습니다. 이곳에 사는 수많은 사람들은 우리를 스마트폰으로 유혹하기 위해 애쓰고 있지요. 유튜브에서 영상을 틀면 스마트폰 전체 화면에서 실행되고, 현재 시각은 가려져 보이지 않게 됩니다. 영상을 보면서 시간이 얼마나 흘렀는지 가늠하기 어려워지죠. 이 기능을 보고 저는 이렇게 생각했어요. '와, 누가 생각했는지 정말 악랄하게 똑똑하네.'

테크 기업들은 계속해서 우리의 집중력을 끌어당길 것입니다. 당장에 이 현실을 바꾸기 어려우니 지금 우리가 해야 할 일은 언제 볼 수 있고, 언제 볼 수 없는지 정하고 그것을 지키는 것입니다. 하루 종일 계속해서 자극을 쏟아붓는 사용 패턴에서 벗어나, 미디어를 사용하지 않을 때에는 그 영향에서 벗어나는 것이죠. 아이들은 부모의 제한이 꼭 필요합니다. 어린 아이가 혼자 여기에 맞서 싸워 이기는것은 불가능합니다.

　우선, 만 1.5세 전에는 디지털 기기 사용을 제한합니다. 지금까지 사용했다면 "더 이상 하지 않는다"고 알려주세요. 만 1.5세~2세는 꼭 필요한 때에 부모의 감독하에 사용하되, 가급적 사용하지 않습니다. 만 5세까지는 하루 1시간 미만을 사용합니다. 아이가 어떤 콘텐츠를 이용하는지 부모가 관리해야 합니다. 아이가 혼자 스마트폰을 열어 부모가 확인할 수 없는 영상을 보는 것은 허락하지 않고, 정해진 미디어 시간이 아니면 쥐여주지 않습니다. 아이에게는 자신의 기계가 없습니다. 이것을 주는 것이 부모라는 사실을 잊지마세요.

　문제는 이렇게 가이드 라인이 제시된 지 10년이 넘었지만, 그것을 심각하게 받아들이는 사람이 점점 줄어든다는 점입니다. 아이들은 점점 어린 나이부터 미디어에 노출되고, 하루에 사용하는 시간이 점점 늘어납니다. 부모는 미디어를 오래 사용하면 좋지 않다는 말은 많이 듣지만, 어떻게 관리해주어야 하는지는 잘 모릅니다. 뉴잉글랜드 소아심리학 센터의 국장인 로버트 프레스먼 박사는 이 사태에 대해 이렇게 이야기했죠. "차라리 불이라면 끄는 법이라도 알 텐데."

아이와의 전쟁을 줄이는 스마트폰 사용 규칙

주변을 두리번거리며 '남들도 다 하는데'라고 생각하고 있다면, 프레스먼 박사의 말처럼 불이 났다고 생각해봅시다. 남들이 가만히 있다고 해서 나도 그저 지켜보고, 하염없이 기다릴 수는 없겠죠. 불이 더 번지기 전에 꺼야 합니다. 오늘부터 당장 아래의 규칙을 정해두고 아이들에게 알려주세요.

- 아침에 눈 뜨자마자 스크린 타임(Screen Time: 게임, 영화, TV쇼 등 화면을 보는 활동을 하는 시간)을 갖지 않는다.
- 잠들기 최소 2시간 전부터는 스크린 타임을 갖지 않는다.
- 스크린 타임을 정해두고 미디어 기기를 사용하고, 그 외의 시간에는 정서적인 이유(아이의 심심함이나 속상함, 짜증 등)로 스크린 타임을 연장하지 않는다.
- 예외적으로 스크린 타임을 사용해야 할 때에는 '예외의 규칙'을 만든다. (예: 명절 이동 시 차가 너무 막힐 때, 치과 진료할 때 등)
- 미디어 사용 습관을 기르는 중이라면 공개된 장소에서 사용한다. (거실이나 식탁 등)
- 알림이 올 때마다 아이의 주의가 흐트러진다면 앱의 알림 설정을 관리한다.
- 잠자리에 들 때에는 전자 기기를 밖에 두고 들어간다.

- 가족이 대화하는 시간(식사 시간, 간식 시간, 그리고 그 외의 정해진 대화 시간)에는 스마트폰을 내려놓는다.

우리 가정의 상황을 반영하여 스크린 타임을 적절한 때에 배치해주세요. 일정한 시간으로 정해도 되고, 일과의 순서를 따르도록 루틴화시켜도 좋습니다. 어린아이들일수록 루틴이 더 기억하기 편하고 유연하게 적용할 수 있습니다.

예1 유치원 하원 ▸ 손 씻고 옷 갈아입기 ▸ 간식 ▸ 스크린 타임 ▸ 기기 정리 ▸ 놀이 ▸ 저녁 식사 ▸ 샤워

예2 하교 ▸ 친구와 놀이터 ▸ 귀가 후 간식 ▸ 숙제 ▸ 스크린 타임 ▸ 기기 정리 ▸ 운동 ▸ 샤워 ▸ 저녁 식사

스크린 타임 후에는 리모컨이나 전자기기를 정리하여 정해진 자리에 놓도록 하여 스크린 타임을 마무리하는 의식으로 정합니다. 사용한 스마트폰이나 태블릿이 바로 옆에 놓여 있으면 시간이 다 되었다고 해도 자꾸 눈길이 가기 마련이니까요. 스크린 타임의 흥분이 쉽게 가시지 않는다면 운동 시간을 바로 뒤에 이어붙여서 몸을 움직이도록 합니다. 주의를 환기시키고 영상이나 게임으로 인한 피로감을 떨치는 데에 도움이 됩

니다.

스크린 타임을 제한하기 위해서 다른 규칙이 필요할 수도 있습니다. "핸드폰 좀 그만 봐!"라는 잔소리보다는 해야 할 일들을 잘 마치고, 즐겁고 활동적인 가족 시간을 늘리는 방향으로 행동을 만들어야 해요. 아이들의 하루 일과는 서로 유기적으로 연결되어 있기 때문에 24시간 전반의 활동이 잘 굴러간다면 아이들의 스크린 타임을 통제하는 것이 훨씬 수월합니다. 아래의 규칙을 참고해보세요.

- 저녁 식사 전까지 숙제를 마친다.
- 아침 식사와 저녁 식사는 모두 한자리에 앉아 시작한다.
- 저녁 식사를 마친 뒤에는 가족이 함께 보내는 시간을 갖는다.
- 금요일 오후에는 친구들과 만나 운동을 한다.
- 주말 오전에는 야외 활동을 한다.

저희 집은 주말 기준 오후 2시 이후에 스크린 타임을 갖습니다. 아침에는 야외 활동이나 가족이 함께 참여하는 일들을 하기 위해 오후 시간으로 미뤄두었습니다. 게임을 하기 위해 엄마랑 외출하기 싫다는 말을 듣고 싶진 않거든요. 저녁 식사 이후엔 스크린 타임을 안 하는 것이 원칙이지만 가끔 친구네 가족과 저녁 모임을 할 때에는 예외로 합니다. 함께 게임을 하며 속닥대는 재미를 빼앗을 수는 없으니까요.

저녁 식사를 준비할 시간에 한창 분주한데 아이들은 자꾸 싸우고 엄마만 찾는다면, 이때를 스크린 타임으로 사용하세요. 온 가족이 감기로 아파서 쉬어야 할 때에는 함께 소파에 앉아 담요를 덮고 영화를 한 편 보아도 좋아요. 주말마다 아이가 좋아하는 게임을 다 같이 플레이하는 시간을 마련하세요. 대신에 그 시간이 끝나면 꼭 미디어 없이 가족이 함께 대화하는 시간을 갖도록 하고요. 다양한 기준을 적용하여 스크린 타임 습관을 만들어보세요. 우리 가족을 방해하는 시간이 아니라, 도와주는 도구가 되도록 관리합시다.

공부 시간을 위한 스마트폰 관리법

"스마트폰은 거실에 두고 공부해."

집중해서 해야 할 일이 있을 때는 스마트폰이 아예 없는 것이 상책입니다. 스마트폰 앱에서 울리는 알림은 우리가 중요한 일을 놓치지 않도록 도와주기도 하지만, 끊임없이 우리의 주의를 앗아가기도 합니다. 스마트폰에서 알림이 울리는 순간 사람들은 원래 하던 일에서 주의를 빼앗기고, 의도했던 일을 끝마치는 데에 어려움을 겪습니다. 한번 주의를 빼앗겼다 원래 일로 돌아와 집중하는 데에는 추가적으로 시간이 들 뿐 아니라 에너지도 낭비됩니다.

그럼, 스마트폰을 꺼놓으면 되지 않을까요? 손톤(Thornton) 의 연구에 따르면 스마트폰이 옆에 있는 것만으로도 우리는 집 중력에 영향을 받습니다. 이 연구에서는 한 그룹은 옆에 노트 북을 두고, 다른 그룹은 옆에 스마트폰을 두고 인지 게임을 해 보았습니다. 늘어선 숫자 중에서 타깃 숫자를 지우는 쉬운 숫 자 게임과 1-A-2-B 이렇게 복잡한 규칙에 따라 선을 이어주 는 상대적으로 어려운 길 만들기 게임입니다. 스마트폰을 옆에 둔 사람들은 게임을 완료하는 시간이 늦어집니다. 간단한 게 임일 때에는 차이가 거의 없었지만 게임이 어려워지면 차이가 더 벌어졌습니다. 연구자들은 이 차이를 주의력과 인지 능력의 '결핍'으로 설명합니다. 어려운 게임은 더 많은 주의력과 인지 적 자원을 요구하지만, 스마트폰의 존재가 주의력과 인지적 에 너지를 빼앗아가기 때문에 게임 수행을 잘하지 못한 것입니다.

한번 시험해보세요. 스마트폰의 전원을 끈 다음 책상 위에 놔두고 이 책을 읽는 거예요. 잠시 눈을 들 때마다 스마트폰이 보이면 독서의 흐름이 끊어집니다. 전원을 껐다는 것을 알고 있는데도 불구하고 손이 스마트폰으로 향하기도 할 거예요. 아이와 충분히 이야기를 나누고 스마트폰의 유혹이 얼마나 견 디기 어려운지를 인정하세요. 엄마 아빠도 너무 어려운 일이라고 공감해주세요. 그리고 '내 아이는 작심삼일로 살지 않기를'에 등장했던 서원이를 생각하며, 우리 아이의 의지를 시험에 들게 하지 말고 그냥 방 밖에다 두고 들어가는 습관을 만들어줍시다.

탁월한 뇌를 만드는 **육아**

집중력을 위한 디지털 미디어 습관

- 스마트폰의 끊임없는 알림과 미디어 멀티태스킹은
  우리의 집중력을 빼앗아갑니다.

- 스마트폰 없이 휴식하고 놀 수 있는 시간을 만들어주세요.

- 연령에 맞는 스크린 타임을 정하고 지킬 수 있도록 도와주세요.
  아이의 의지만으로는 어려워요.

- 공부할 때는 스마트폰을 정해진 자리에 놔두는 습관을 만드세요.

2장

공부하는 뇌를
만드는
네 가지 습관

01

공부 속도를 끌어올리는
읽는 습관

아이가 공부를 잘하기 위해 '자동적으로' 이루어져야 하는
능력은 무엇일까요? 바로 읽기입니다. 읽기는 어렵고 복잡한
행동입니다. 처음 글자를 배우기 시작할 때는 더듬더듬 한 글
자씩 짚어가며 소리를 내어 읽습니다. 소리를 내지 않고 속으
로 읽는 단계에 진입하더라도, 아이가 읽는 것이 능숙하지 않
으면 읽는 순간 바로 내용이 이해되지 않습니다. 잘 모르는 단
어가 자주 등장하거나, 글씨의 크기가 작고 줄 간격이 좁거나,
길이가 긴 지문을 읽을 때는 끝까지 읽기 위해 더욱 애를 써야
합니다. 하지만 어른은 그렇지 않습니다. 우리는 수십 년간 읽
기를 연습해왔고, 이제는 글자를 보면 자동으로 읽게 됩니다.
한 자씩 손으로 짚지 않고서 말이죠. 오히려 글씨를 인식하지

않는 것이 더 어렵습니다. 읽기는 연습을 통해 습관화되는 중요한 기능입니다.

어느 과목을 배우든 읽고 이해하는 능력이 갖추어져야 그다음을 배울 수 있습니다. 특히 아이의 학년이 올라감에 따라 정보를 읽고 이해하는 것은 학문적 독립성의 토대가 됩니다. 혼자서 글을 읽고 이해할 수 있어야 혼자서 공부할 수 있다는 말입니다. 여러 연구에 따르면 초등학교 3학년의 문해력은 앞으로 거둘 성적을 상당히 정확하게 예측하는 지표입니다. 시카고 대학교의 연구에서는 초등학교 3학년에 해당 학년 수준의 문해력을 갖추지 못한 아이들(하위 25퍼센트 미만)은 다른 아이들(하위 25퍼센트 이상)보다 대학 진학률이 낮다는 것을 보여주었습니다.

그 이유가 무엇일까요? 초등학교 저학년까지는 아이의 읽기 능력이 미숙하다는 것을 가정하기 때문에 학교는 아이에게 읽기 자체를 가르치는 데에 많은 시간과 노력을 들입니다. '읽기를 배우는(learning to read)' 단계이죠. 교과서와 수업 역시 문자 외의 방법을 동원해 아이들에게 개념을 설명하고요. 하지만 고학년이 되면 이제는 아이가 어느 정도 문해력을 갖추었다는 가정하에 문자 위주의 개념 설명이 시작됩니다. '읽기를 통해 배우는(reading to learn)' 단계로 들어섭니다. 따라서 3학년까지 읽기를 유창하게 하지 못하면, 그 이후의 교과과정을 따라가는 데에 어려움을 겪게 됩니다.

그런데 문제는, 문해력은 아주 어렸을 때부터 길러진다는 사실이에요. 학교에 입학하기 전에 이미 초기 문해력의 격차가 벌어지게 되고, 이것이 이후 학습 능력의 기반이 됩니다. 문해력은 대표적으로 '기능이 기능을 낳는' 영역입니다. 이미 형성된 문해력이 새로운 텍스트의 이해를 돕고, 새로운 텍스트를 더 쉽고 빠르게 이해하면서 문해력이 다시 발달합니다. 이미 갖추어진 문해력을 바탕으로 소설을 읽으며 스토리 전개의 예측과 주인공의 감정을 이해하는 능력이 발달하고, 이 능력이 발달할수록 소설이 재미나기 때문에 더 많이 읽고 문해력이 키워집니다. 이렇게 문해력을 기반으로 다른 인지 능력 발달이 상승세를 타는 것이 곧 뇌의 발달입니다. 읽는 습관은 학습 능력을 위해 아이들이 아주 어렸을 때부터 길러주어야 할 첫 번째 습관입니다.

책 읽기 싫어하는 아이들의 공통점

독서가 중요하다는 사실은 아마도 모르는 부모가 거의 없을 것입니다. 아이들이 어릴 때부터 많은 부모들이 책을 읽어주기 위해 노력합니다. 아이들을 위해 수많은 책을 사고, 책을 읽어주고, 집에서 잘 해결이 되지 않으면 사교육에 맡깁니다. 요즘 아이들은 부모 세대가 어렸을 때보다 더 어려서부터 너 많은 책을 읽으며 자라는 것 같습니다. 그런데도 왜 아이들의 문해력이 부족하다고 계속 걱정하는 걸까요?

다양한 영향 요인이 있겠지만, 제가 생각하는 큰 문제는 어른들이 아이들의 독서를 '읽고 생각하는 행동'으로 바라보지 않고, '책'이라는 물건을 중심으로 바라보는 것입니다. 많은 부모들이 아이들이 무슨 책을 읽어야 하는지에 대해 고민하는 것만큼, 어떻게 읽어야 하는지에 대한 고민은 하지 않습니다. 다섯 살에 읽어야 할 책은 무엇인지, 픽션과 논픽션을 어떤 비율로 읽어야 하는지, 하루에 몇 권을 읽어야 하는지, 교과서에 수록된 책은 무엇인지를 주로 찾아봅니다. 우리 아이가 잘 읽고 있는지는 직접 눈에 보이지 않기 때문에, 확실하게 점검할 수 있는 책의 권수와 소위 '책의 레벨'에 집착하게 됩니다. 그래서 책 한 권을 읽을 때마다 스티커를 붙여주고, 레벨을 통과하면 선물을 사줍니다. 해당 레벨을 이해하고 있는지 질문으로 테스트하고, 답을 맞히면 다음 레벨로 넘어갑니다.

이런 접근이 갖는 한계는 보상의 지점이 잘못되었다는 것입니다. 권수를 보상하면 '여러 권 읽기'라는 행동을 강화하게 됩니다. 자칫 제대로 읽지도 않고 권수만 늘린 아이가 될 우려가 있습니다. 이해도를 테스트하고 레벨을 부여하면 (레벨이 올라가는 것이 아이에게 보상이라는 전제하에) '문제 맞히기'라는 행동을 강화하게 됩니다. 책을 읽고 풍부한 감정을 느끼고, 여러모로 생각하기보다는 정답을 맞히는 요령만 생길 우려가 있습니다. 효과가 아예 없다고 볼 수는 없습니다. 대신에 이렇게 만들 수 있는 것은 '주어진 책을 빠르게 읽고 문제의 답을 맞히는 사람'입니다. 독해 문제집 점수는 좀 오를지도 모르겠습니다. 하지만 독서가가 되는 방법은 아닙니다. 독서가는 답을 맞히기 위해 지문을 빠르게 읽는 사람이 아니라 글과 소통하여 의미와 목적을 이해하고 읽는 즐거움을 누리는 사람이니까요.

습관이 만들어지기 위해서는 타깃 행동 뒤에 보상이 와야 합니다. 어린 독서가를 키우기 위해 제일 중요한 보상은 바로 재미입니다. 재미가 없는 책은 아이들에게 사랑받지 못하고, 책이 재미없는 아이는 독서를 피합니다. 독서 습관을 들이는 것에는 비책이 없습니다. 책을 읽었더니 재미가 있더라는 것을 깨우치면 그다음은 저절로 굴러가게 됩니다.

하지만 책에 재미를 붙이는 것이 말처럼 쉽진 않죠. 왜 아이들은 책이 재미없는 걸까요?

독서를 싫어하는 아이들에게 공통으로 발견되는 점들이 있습니다.

첫째, 읽기 능력이 부족합니다. 이해가 잘되지 않으니 깊은 재미를 느끼기 어렵습니다. 어쩌면 아이는 지금껏 제법 읽는 흉내를 내고 있었을지도 모릅니다. 또래보다 책을 빨리 읽을 수도 있고, 두껍고 어려운 책을 읽을지도 몰라요. 하지만 알고 보면 눈앞에 있는 책을 제대로 이해하지 못하는 경우도 많습니다. 그동안 누구도 그것을 알아봐주는 사람이 없었던 것이지요. 안타깝지만 아이의 읽기 능력이 뒤쳐지기 시작한 지 아마도 꽤 오래되었을 것입니다. 이 아이들은 나에게 주어진 책이 늘 어렵기 때문에 결국 재미를 잃어버립니다.

둘째, 비어 있는 시간이 없습니다. 바쁜 아이들은 책을 잘 읽지 않습니다. 일단 읽을 시간 자체가 없거니와, 빽빽한 스케줄을 돌다 보면 저녁에는 지치기 때문에 '읽고 생각하기'라는 활동으로 뇌에 또 다른 부담을 줄 여력이 없습니다. 읽기는 능숙해지기까지 뇌에 대단한 부담을 주는 행동이기 때문입니다. 언제까지 부담이 되느냐? 아이의 연령 대비 읽기 능력이 꽤 괜찮다는 가정하에, 적어도 사춘기 이전까지는 온전히 능숙하다고 보기 어렵습니다. 읽기 능력이 잘 발달하지 않았다면, 성인이라도 긴 글 읽기는 피하고 싶은 일이 됩니다.

셋째, 독서의 즐거움과 가치를 아는 어른의 부재입니다. 어린아이는 스스로 책을 구할 능력이 없고, 글을 읽을 능력도 없습니다. 혼자 도서관에 갈 수도 없고, 온라인 서점에서 책을 주문할 수도 없습니다. 아이의 수준과 흥미에 맞는 책을 골라 함께 읽을 수 있는 어른이 있어야 아이의 초기 독서 습관이 자리 잡을 수 있습니다. 이것이 연령대별로 좋다고 하는 전집을 빼놓지 않고 사주어야 한다는 의미는 아닙니다. 아이가 책의 재미에 빠지는 데에는 강렬한 한 권과의 만남으로도 충분합니다. 다만 그 한 권을 만나기까지의 여정을 인내와 격려로 함께해줄 사람이 있어야 할 뿐입니다.

책을 좋아하게 만드는 가장 쉬운 방법

독서가 습관이 되는 원리는 간단합니다. '심심할 때 책을 읽었더니 재미있더라'라는 것을 뇌가 깨우칠 때까지 경험이 쌓이기만 하면 되죠. 습관의 고리를 표현하면 다음과 같습니다.

부모는 가정에서 이 연결 고리를 만들고, '읽기'라는 행동이 강화되도록 하면 됩니다. 권수 채우기나 문제 맞히기가 아닌 순수한 읽기에 초점을 맞추도록 주의하면서요. 이 고리를 만들기 위해 할 수 있는 가장 간단하고도 강력한 방법이 있습니다.

바로 '소리내어 읽기(read aloud)'입니다. 부모가 아이에게 소리내어 책을 읽어주면 아이가 갖고 있는 독서 장애물을 무엇이든 극복하도록 도와줄 수 있다는 장점이 있습니다. 읽어주는 사람과 듣는 사람이 모두 있어야 하니 가족의 습관이라고 볼 수 있겠네요.

이미 집에서 책을 읽어주고 있는 분들도 많을 거예요. 열심히 읽어주고는 있지만 무언가가 빠진 것 같았다면 아마 빠진 그것은 바로 '영혼'일 가능성이 높습니다. 그냥 글자를 줄줄이 읽기만 하고 있다면 오디오북과 다를 바가 없습니다. 소리내어 읽기의 효과를 극대화하기 위해서는 읽는 사람과 듣는 사람이 함께 책과 교감을 해야 합니다. 책 읽기에 어떻게 영혼을 불어넣을 수 있는지 살펴봅시다.

독해 문제집보다 확실한 실력 테스트

우선, 아이의 읽기 능력을 확인해보세요. 혼자서 속으로 읽도록 놔두었을 때는 아이가 이야기를 얼마나 이해하고 있는지 가늠할 수 없습니다. 독해 문제집은 그것을 조금 도와주지만, 아이가 단어와 문장의 의미, 문장과 문장 사이의 관계, 책 한 권의 흐름을 이해하는지까지 정확히 파악할 수는 없습니다.

아이의 읽기 능력을 알아내는 방법은 눈빛을 읽는 것입니다. 아이의 눈을 바라보면 내용을 이해하고 따라오고 있는지 단번에 알 수 있습니다. 이야기를 이해하고 즐기고 있는 아이의 눈은 반짝반짝 빛납니다. 흥미로운 부분에서는 눈이 커지고, 긴장되는 부분에서는 인상을 쓰거나 눈을 좁게 뜹니다. 반대로 책의 내용을 잘 이해하지 못하는 아이의 눈빛은 생기가 없습니다. 표정이 멍하고 흥이 느껴지지 않죠. 아이가 옆에 끼고 다니는 책들이 알고 보면 아이의 능력보다 훨씬 어려운 책들이었다면 더 쉽고 재미있는 책을 읽어주세요. 반대로 아이가 관심을 보이지만 혼자서는 이해하기 어려운 책이 있다면 주저 말고 읽어주세요. 중간중간 아이가 이해하기 어려운 부분은 설명을 덧붙여주면서요. 어려운 내용을 이해하는 순간 아이의 눈에 불이 켜지는 것을 확인하세요.

너무 빠르게 읽는 아이에게 적당한 속도 가르치기

소리내어 책을 읽으면 아무래도 속으로 읽을 때만큼의 속도가 나지 않습니다. 너무 빨리 읽는 아이들은 대개 문장을 뛰어넘으며 읽고, 윗부분만 읽고 아래는 읽지 않거나, 흥미 있는 사건이나 본인이 판단할 때 중요한 (그것이 정말 책 내용에서 중요한지와 관계없이) 부분만 훑어 읽고 지나갑니다. 그리고 마지막 장을 덮으면 이 책을 다 안다고 착각하게 됩니다. 부모가 책을 읽어줄 때는 이런 일을 막을 수 있습니다. 부모가 볼 때 중요하거나, 쉽게 이해되지 않을 것 같은 부분에서는 멈추고 서로 생각을 나눌 수도 있죠. 다음 장을 넘기기 전에 무슨 일이 일어날지 이야기할 수도 있고, 모호한 내용이라면 다시 차근차근 읽어볼 수도 있어요. '속삭였어요'와 '외쳤어요'로 표현된 부분의 대사를 어떻게 읽을지 연기 연습을 해볼 수도 있습니다.

책 내용과 내 생각을 통합하는 독서

문해력은 단순히 글의 단어들을 읽고 의미를 아는 것만을 말하지 않습니다. 독서는 작가의 생각을 그대로 받아들이는 수동적인 활동이 아니며, 독자가 적극적으로 책과 소통할 때 독서는 즐거워집니다. 독서 교육의 대가인 마일스 진츠는 독서를 네 단계로 구분하였습니다.

- **단어 인식** 단어를 의미 있는 단위로 발음할 수 있음.
- **이해** 글을 읽으면서 각각의 단어를 맥락에 맞는 의미 있는 생각으로 조합할 수 있음.

- **반응** 저자가 말한 것에 대한 판단.
- **통합** 독자의 경험에 책의 아이디어를 녹여 향후 경험에 유용하게 사용함.

독자는 책을 읽으며 반응을 하고, 책에서 배운 내용과 자신의 생각을 통합하는 과정을 거칩니다. 그 결과 독자의 생각은 한층 성장하고, 나중에 다른 곳에서 그 생각들을 사용할 수 있게 되는 것이죠. 이것이 책과 상호작용하는 독서법입니다. 말이 조금 어렵지요? 하지만 생각보다 간단한 일입니다.

소리내어 읽어줄 때, 아이들과 함께 울고 웃고 떠들면서 보면 됩니다. 반응은 독자의 판단이므로 독자마다 다를 수밖에 없습니다. 엄마는 별로 재미없는데, 아이들은 낄낄대고 웃을 수도 있죠. 아이들은 이렇게 재미있는 똥, 방귀 농담을 좋아하지 않는 엄마가 이해되지 않을 거예요. 엄마의 찌푸린 표정이 재미있어서 더 큰 소리로 따라 하겠지요. 막지 마세요! 향후 경험에 유용하게 사용하는 법을 연습 중이니까요.

내가 먼저 정말 재미있는 말이나 생각지 못한 사건을 발견하면, 큰 소리로 반응하세요. 조금 과장하는 편이 좋습니다. 솔직히 말해서, 어린이용 탐정 소설에서 도둑이 보물을 훔쳤다고 해서 우리가 그렇게 화가 나진 않잖아요? 이 부분이 우리의 영혼을 한껏 실어야 할 곳입니다. 어린이 독자의 마음으로 돌아가시길 바랍니다. 유머에 크게 웃고, 악역에게 분노하고, 슬픈 결말에 마음 아파하세요. 책을 덮고 난 뒤에도 그 도둑이 정말 나쁘다고 두고두고 흉을 봅시다. 반응하며 읽기는 책의 내용을 가르치는 것이 아니라 책 읽는 법을 가르치는 방법입니다.

읽기 실력을 한 단계 끌어올리는 법

아이들은 취향을 갖고 있습니다. 어떤 아이는 자동차를 좋아하고, 어떤 아이는 강아지를 좋아합니다. 자동차를 좋아하는 아이는 공주 이야기보다 트럭 이야기를 좋아하는 것이 당연합니다. 중장비 책, 레이싱카 책, 기차 책을 보여주면 아마도 끊임없이 읽어달라고 할 것입니다. 독서는 거기에서부터 출발하시면 됩니다. 어떤 책은 표지에서 기대한 것만큼 재미가 없어 몇 장 읽다 덮어버리고, 어떤 책은 읽어도 읽어도 또 읽어달라고 합니다. 모든 아이들이 갖고 있는 모습이고, 성인 독자들도 흔히 하는 일입니다. 문제가 될 것은 없습니다.

소리내어 읽어주기는 아이가 잘 읽지 않는 종류의 책을 읽도록 유혹하는 장치가 되기도 합니다. 특히 아이의 독서가 고착되어 발전하지 않는다는 느낌이 들 때에 그렇습니다. 그림이 적고 글이 긴 책으로 옮겨갈 때에 많은 아이들이 흥미를 잃어버립니다. 그림책은 그림을 보는 것만으로도 즐겁고, 글의 내용을 그림이 함께 설명해주기 때문에 책 속에서 벌어지는 일을 생생하게 떠올릴 수 있게 합니다. 하지만 책에서 그림이 없어지는 순간, 이 모든 것이 아이의 뇌가 혼자서 해야 하는 일이 되어버립니다. 이것이 잘되지 않으면 아이는 독서가 어렵고 재미없다고 느끼기 쉽습니다. 부모의 영혼이 도와줄 때입니다.

길고 빽빽한 문장들에 압도되어 있는 독자에게는 하루에 1~2 챕터씩 끊어 읽어주세요. 한 번에 끝까지 읽지 않아도 된다는 것을 알려줍니다. 다음 이야기가 너무 궁금해지면 스스로 읽는 동기가 될 수도 있어요.

그림이 없으면 상상하기 어려워하는 독자는 영화, 애니메이션, 만화책 등이 있는 책을 골라 영상이나 만화책을 함께 보도록 소개해주세요. 대개는 책을 먼저 보고 영상을 보아야 상상력을 제한하지 않는다고 이야기하지만, 삽화가 없는 글을 읽어내기 어려운 친구는 반대로 했을 때 생생하게 상상하는 것을 도와주기도 합니다.

아이가 이미 배경지식을 갖고 있는 분야의 책을 골라주세요. 이전에 즐겁게 읽었던 책과 유사한 책을 고르는 것도 한 방법이고요. 시리즈물을 읽어 회차를 거듭할수록 주인공과 배경을 점차 잘 이해하게 되는 것을 경험하면 줄글과 친해질 수 있어요.

인물 사이의 갈등이나 줄거리를 따라가기 쉽도록 대사의 분

위기를 잘 살려 읽어주세요. 효과음을 내어주어도 좋습니다. 영혼 듬뿍, 잊지 마세요.

주고 받으며 읽으세요. 아이가 혼자서 읽기 부담되는 책은 부모와 나누어 읽어봅니다. 아이에게 가장 흥미로운 파트를 넘겨주세요. 주인공의 대사, 혹은 주인공의 대사가 너무 많다면 개성 있는 감초 역할을 맡겨도 좋습니다. 《코끼리와 꿀꿀이》 시리즈처럼 주인공이 둘인 책을 주고받으며 읽으면 더 재미있습니다.

그래도 아이가 어려워한다면 "이 책은 지금 안 읽어도 된다"고 말해주세요. 적절할 때 그만두는 것도 능력입니다. 세상에 책은 많으니까요.

10년 노하우, 소리내어 읽기

서하가 2개월일 때부터 시작된 소리내어 읽어주기는 올해로 만 10년이 됩니다. 저희 가정에서 지키고 있는 독서 습관과 소리내어 읽기 루틴을 소개합니다. 우리 가족에게도 잘 맞을 것 같은 방법이 있다면 한번 시도해보세요.

• **잠자리 독서** 잠자리 독서는 가장 쉽게 독서 시간을 마련할 수

있는 방법입니다. 자기 전의 독서는 아이들이 하루를 차분하게 마무리하도록 도와주기도 하고요. 지금도 자기 전에는 아이들에게 책을 읽어줍니다. 아이들이 조금씩 자랄 때마다 잠자리 독서도 조금씩 달라집니다. 유하가 아기였을 때에는 각자 따로 읽었고, 조금 큰 뒤부터는 모두 함께 읽어줍니다. 한때는 같은 책을 매일 읽어달라고 했지만, 이제는 그런 일이 없습니다. 특히 한국어 책은 아이들이 혼자 읽기 어려워하기 때문에 잠자리 독서로 제격입니다. 영어로 전편을 읽은 드래곤 마스터(Dragon Masters) 시리즈가 한국어판으로 나왔길래 요즘은 그 책을 읽고 있습니다.

· **특별한 날 읽는 책** 해마다 때가 되면 읽는 책들이 있습니다. 설날에 읽는 《연이네 설맞이》, 핼러윈에 읽는 《Ten Timid Ghosts》, 추수감사절에 읽는 《Turkey Trouble》, 크리스마스이브에 읽는 《The Night Before Christmas》 등은 특별한 날을 기억하는 우리만의 의식입니다. 매년 같은 책을 읽으면서 달라지는 아이들의 반응에서 성장을 느낍니다. 대개 그날, 혹은 전날 밤의 잠자리 독서로 선택합니다.

· **스토리 티타임(Story Teatime)** Poetry Teatime이라는 인스타그램 계정(@poetryteatime)에서 영감을 얻어 시작한 루틴입니다.

처음에는 수요일의 티타임(Wednesday Teatime)이라는 이름으로 시작했습니다. 어린아이 둘과 지지고 볶는 일주일의 중간에 조용하게 자리에 앉아 차를 마시고, 함께 책을 읽는 시간을 갖기 위해 만들었습니다. 하나의 주제에 맞는 책을 1~3권 정도 고르고, 아이들과 식탁에 앉아 차를 마시며 책을 읽습니다. 스토리 티타임에는 달콤한 간식이 함께합니다. 언제나 그런 것은 아니지만, 가급적 계절에 맞는 간식과 책을 고르는 데에 정성을 기울입니다. 가을에는 사과와 감, 펌킨 쿠키를 놓고 단풍이 곱게 그려진 그림책을 읽고, 여름에는 마당에 나가 그늘에서 레몬에이드와 복숭아 파이를 먹으며 파도에 대한 동시를 읽습니다. 음악 듣기나 그림 그리기 등을 곁들여도 좋고요. 티타임에 먹을 쿠키나 머핀을 같이 구워도 좋아요. 일주일에 한 번씩 하던 티타임은 아이들이 학교에 입학한 뒤로는 자주 하지 못하게 되었습니다. 그래도 비가 오는 주말이나 아이가 아파서 학교를 빠지는 날에는 꼭 돌아옵니다.

- **심심할 때 읽기** 책 읽기는 저희 아이들이 선택하는 가장 첫 번째 놀이입니다. 외출할 때는 책을 들고 다니세요. 식당에서 음식을 기다릴 때, 병원 대기실에서 기다릴 때, 여행지에서 잠시 시간이 빌 때 언제나 책이 있으면 아이들이 심심함 → 독서라는 고리를 강화시키는 데에 큰 도움이 됩니다. 바빠서 주기적으로 책

을 읽어줄 시간을 내기 어렵다면, 늘 책을 곁에 두었다가 잠깐의 여유가 생겼을 때 놓치시 말고 책을 꺼내어 읽어주세요. 연휴나 방학 시작에는 미리 새로운 책을 준비하세요. 여유 시간은 곧 독서라는 것을 알려줍니다. 조금 더 크면 아이들이 스스로 책을 챙기고, 심심할 때 조용히 읽는 습관으로 발전시킬 수 있을 거예요.

탁월한 뇌를 만드는 **육아**

공부하는 힘을 키우는 읽는 습관

- 문해력은 아이의 학문적 독립성과 직결됩니다.

- 기본적인 읽기 기술을 거쳐 능동적으로 정보를 읽고 이해하는 능력을 키워주세요.

- 아이가 의무로 책을 읽는 것이 아닌 즐거움을 위해 읽도록 해주세요.

- 책은 심심할 때 즐거움을 주고, 피곤할 때 휴식을 주고, 특별한 기억을 준다는 것을 알려주세요.

- 부모가 소리내어 책을 읽어주세요. 아이가 혼자 읽을 수 있더라도 계속하세요.

02

쉽게 무너지지 않는
공부 습관

어린 자녀를 둔 부모님이 가장 골치 아파하는 습관이 양치질이라면, 학령기 자녀를 둔 부모에게는 '공부'의 벽이 있습니다. 공부라는 것은 한 단어이지만 그 안에는 정말 많은 행동들이 포함되어 있습니다. 여기에서는 자리에 앉아 공부에 관련된 무언가를 하는 '행동'으로서의 공부 습관을 다룹니다. 그 이후에는 깊이 있게 고민하고 스스로 답을 찾으며 배우는 '학습 능력'으로서의 공부 습관을 다룰 예정입니다.

"엄마표로 공부를 해야 할까요, 학원을 보내야 할까요?"

저는 둘 중 하나를 골라야 하는 문제라고 생각하지 않습니다. 학원은 선택이지만, 부모표 공부는 필수입니다. 공부는 학교와 가정, 그리고 학생이 파트너로 함께 하는 것입니다. 그중에서 부모의 역할은 무엇보다도 공부하는 습관을 길러주는 것입니다.

공부 습관을 기르는 필수요소 세 가지

첫째, 공부에 대한 가정의 관심입니다. 이것은 성적을 잘 받아왔는지, 몇 등을 했는지와 같은 관심과는 조금 다릅니다. 아이가 무엇을 배우고 있는지, 어려움은 없는지, 요즘 배우는 것중에 무엇을 좋아하는지 많은 대화를 나누세요. 부모가 공부를 중요하고 가치 있는 것으로 여긴다는 것을 알려줍니다.

둘째, 공부는 아이의 몫이라는 책임감을 길러주어야 합니다. 공부는 세상의 지식을 배워 자신의 목표를 이루는 것을 준비하는 과정이며, 노력한 사람에게 좋은 결과가 주어진다는 것을 알려줍니다.

셋째, 공부 습관을 일관되게 유지하는 것을 도와줘야 합니다. 공부 습관이 자리 잡기까지 공부 시간을 알려주고, 힘들어 할 때 독려하는 것. 해야 할 몫을 마치면 칭찬해주는 것. 아이가 공부 습관을 지킬 수 있도록 일과를 조정하고, 수면이나 운동 시간 등 생활의 다른 측면과 균형을 찾아주는 것은 부모의 몫입니다.

학년별 최소 공부 시간은 이만큼

아이들에게 공부 습관을 길러주는 첫 번째 열쇠는 바로 시간입니다. 세상에는 공부 시간이 있다는 것을 알려주는 것입니다. 매일 일정한 시간을 도려내어 공부라는 행동에 쓰는 것을 반복하는 것이죠. 습관 만들기를 시작할 때는 작은 행동을 골라서 씨앗을 심으라는 말씀을 드렸지요. 제대로 자리 잡은 공부 습관이 현재 없다는 것을 가정했을 때 씨앗으로 심을 첫 번째 행동은 일정 시간 앉아서 공부, 혹은 공부에 관련된 무언가를 하도록 연습하는 것입니다. 학교에서 요구하는 숙제가 있다면 그것을 우선하면 되고, 만약 정해진 숙제가 없다면 아이와 함께 적당한 공부 목표를 고릅니다. 아이와 부모의 뜻대로 고르기 어렵다면 담임 선생님과 상의해보시면 됩니다.

재미를 위해 책을 읽는 것과 학원에 가서 수업을 듣는 것, 교과목에 관련된 영상을 보거나 게임화(gamification: 게임이 아닌 애플리케이션에 배지, 레벨, 순위, 가상화폐 등의 게임 요소를 도입하여 사용자의 사용을 증진시키는 방법)로 재미를 더한 학습용 애플리케이션을 이용하는 시간은 여기에 포함되지 않습니다. 미디어를 아예 이용하면 안 된다는 의미는 아닙니다. 미디어로 아이의 부족한 의지력을 보충하지 말라는 의미입니다. 편하게 말하기 위해 매일 일정 시간 동안 하기로 정한 공부를 모두 숙제라고 부르겠습니다.

숙제 습관을 만들기 위한 최소 공부 시간은 학년당 10분으로 정합니다. 1학년은 10분, 2학년은 20분, 3학년은 30분입니다. 이것이 절대적인 기준은 아닙니다. 1학년이어도 조금 더 할 수 있는 친구들도 있고, 4학년이라도 그간 공부 습관을 제대로 잡아주지 않은 친구라면 20분을 앉아 있는 것도 쉽지 않을 수 있습니다. 이것은 현재를 '0'으로 생각했을 때 어떻게 아이의 공부 습관을 끌어올릴 수 있는지에 대한 이야기입니다. 만약 지금까지의 공부 시간이 그저 아이와 부모 사이의 전쟁 같은 수준이었다면, 학년에 관계없이 10분부터 출발하세요.

1학년에 10분 공부하는 것은 대단히 어렵지는 않습니다. 책을 더듬더듬 읽거나, 손가락으로 꼽아가며 덧셈 문제를 몇 개 풀면 끝나는 정도이죠. 몇 줄짜리 일기를 쓸 수도 있고요. 아이가 할 만하다고 느낍니다. 공부 습관을 시작할 때는 분량보다 시간이 중요합니다. 왜냐하면 무엇을 하느냐에 따라 걸리는 시간이 달라지기 때문입니다.

처음 덧셈 서너 문제를 푸는 데에 10분이 걸리던 아이는 한 달쯤 지나면 10분 안에 10문제를 풀게 됩니다. 두 달이 지나면 20문제도 거뜬합니다. 그러다 뺄셈이 등장합니다. 덧셈은 능숙해졌지만 뺄셈은 새롭기 때문에 10분 안에 3문제를 겨우 풀었습니다. 하지만 한 달이 지나면 다시 10분 안에 10문제를 풀 수 있게 됩니다. 만약 난도가 높은 문제라면 10분 내내 한 문제를 붙들고 고민해도 못 풀 수 있습니다. 그 정도 노력을 했다면 오늘은 충분합니다. 내일 다시 수업을 듣고 오면 더 쉬워질 것이고, 새로운 마음으로 문제를 보면 어제는 보이지 않던 해법이 보이기도 하니까요. 이것이 숙제 습관을 분량이 아닌 시간으로 시작하는 이유입니다. 아이가 일정 시간 공부하는 것에 익숙해졌고, 장기간에 걸쳐 반복적으로 해야 하는 과제가 정해졌다면 시간이 아닌 분량으로 공부 목표를 정해도 괜찮습니다. 하지만 똑같이 한 장을 풀어도 난도에 따라 걸리는 시간이 다를 수 있다는 점을 염두에 두고, 때에 따라 목표를 조정해나가는 것이 좋습니다.

이 기준은 너무 짧게 느껴질 수도 있어요. 영유아기부터 공부를 시작하는 대부분의 한국 부모님들은 더 그럴 거예요. 하루에 10분, 20분을 공부해서는 아무것도 되지 않을 거라고 생각할 수도 있고요. 하지만 섣불리 실망하기 전에, 다음의 이야기를 차근차근 읽어보시기를 바랍니다. 학년당 10분이라는 기준은 과학적 증거를 기반으로 산출한 시간입니다.

첫째, 만 6세 이전의 아이들은 활동성이 가장 높은 시기입니다. 이 나이 때에는 억지로 앉혀 공부하는 것을 권하지 않습니다. 물론 아이가 궁금해하면 알려주셔도 됩니다. 이 전에 이야기한 '읽는 습관'과 이후에 이야기할 '질문하는 습관'을 바탕으로 많은 대화를 나누고, 놀이를 통해 사회적 규칙과 자기 조절을 익히고, 실생활에 필요한 초기 문해력을 갖추면서 천천히 시작해도 충분합니다.

둘째, 10분이라는 시간은 그리 짧지만은 않습니다. 초등학교 수업 시간이 40분이기 때문에 많은 부모님들이 학교 입학 전에 40분을 가만히 앉아 공부할 수 있도록 연습해야 한다고 걱정합니다. 하지만 1학년 수업 시간은 40분 내내 같은 활동을 하지 않습니다. 한 수업의 학습 목표가 있을 뿐이지, 선생님들은 10~15분 정도의 활동을 여러 개 하면서 아이들이 흥미를 잃지 않도록 고심해서 수업을 설계합니다. 현실적으로는 교실의 모든 아이들이 그만큼 집중하는 것도 쉽지 않습니다. 2020년 발표된 연구에 따르면 교실에서 1학년 아이들이 한 가지 활동에 집중하는 시간은 대략 7분인 것으로 밝혀졌습니다. 이 연구에서는 색칠 과제를 내주었습니다. 과제물을 나누어주고 색칠을 시작한 뒤 5분이 지나자, 아이들은 옆친구와 떠들기 시작했고, 이후 선생님이 "깔끔하게 잘 칠하자"고 다시 지시를 내리자, 집중력이 돌아왔지만 약 7분 뒤에 떠들거나 소위 '딴짓'을 하기 시작했습니다. 아이들의 집중력이 너무 낮은 것 같은가요? 대학생들조차 50분 강의에 같은 수준으로 집중할 수 없습니다. 7분이면 훌륭합니다.

셋째, 듀크 대학교의 해리스 쿠퍼 교수가 1987년부터의 연구들을 종합한 결과, 학년당 10분 정도의 시간을 더해가며 숙제를 하는 것이 적당하다는 결론을 내렸습니다. 모든 교육학자들이 쿠퍼 교수에게 동의하는 것은 아닙니다만, 반대를 하는 학자들의 상당수는 '숙제를 없애자'는 쪽임을 말씀드립니다. 미국의 전국 교육협회에서 권장하는 기준도 학년당 10분입니다. 그렇다고 해서 학교가 이 기준들을 다 따르는 것은 아니지만요.

단계적으로 공부 시간을 늘리는 방법

레이나는 4학년 여학생입니다. 1~2학년 때에는 그럭저럭 학교 공부를 따라갔지만, 3학년부터 내용이 어려워지고 과제가 많아지자, 집 안의 전쟁이 시작되었습니다. 수학을 유독 어려워해서 과외 선생님을 고용해보았지만, 과외 숙제가 추가로 생기면서 아이의 짜증과 엄마의 분노만 더 커졌습니다. 쉬운 문제만 풀고 모르겠다고 드러눕거나, 엄마가 지켜보지 않으면 대충 풀고 자리를 뜨기 일쑤였습니다. 엄마는 매일 레이나의 옆에 앉아 1시간 이상 함께 수학 숙제를 풀어주느라 한숨이 늘었고, 아이는 점점 더 수학을 싫어하기만 했습니다. 숙제 시간은 늘 고성과 울음으로 끝이 납니다.

"그냥 포기하고 싶어요. 그러면 애랑 싸움이라도 덜 하지 않을까요?"

　레이나의 엄마는 이대로 레이나의 공부를 포기하고 싶은 심정으로 저와 만나게 되었습니다. 레이나의 비효율적인 공부 습관 바로잡기는 정직하게 과외 숙제를 해가지 않는 것부터 시작했습니다. 과외 선생님께 그동안 레이나가 자발적으로 숙제를 하지 않았고, 엄마가 혼내며 억지로 시켜왔음을 솔직하게 고백했습니다. 선생님은 깜짝 놀라셨지요. 늘 숙제를 해오니까 잘 따라오고 있다고 여겼거든요. 이 부분이 가장 중요합니다. 아이가 혼자 힘으로 할 수 없는 숙제는 솔직하게 터놓아야 합니다. 부모가 붙잡고 시키는 것, 학원 숙제를 따라가기 위해 과외를 추가로 하는 것, 옆에서 부모나 선생님이 풀어주는 것을 지켜보고 있는 것은 아이의 공부가 아닙니다. 진도의 압박에 불안해하지 말고, 내 아이에게 맞는 공부량을 정직하게 들여다 보아야 합니다.

　레이나와 엄마, 과외 선생님, 그리고 제가 다 함께 상의하여 하루 공부 시간을 20분으로 잡고, 매일 저녁 식사 후에 숙제를 시작하기로 했습니다. 시간 단위로 숙제를 하는 것에 동의해주신 선생님이 참 감사했지요. 과외 선생님은 일주일에 다섯 장의 수학 문제를 내주었고, 레이나는 20분 동안 풀 수 있는 만큼만 풀었습니다. 어떤 날에는 꽤 진도를 나갔지만, 다른 날에는 두어 문제를 풀다 끝나버리기도 했습니다. 하지만 몇 문제를 풀었는지, 답을 얼마나 맞혔는지와 관계없이 일정 시간을 앉아 있는 것에만 집중한 결과, 레이나는 조금씩 자신감이 생겼습니다. 쉬운 문제를 골라 푸는 습관이나 대충 답을 쓰고 도망가는 행동도 줄어들었습니다. 어차피 20분을 채우는 것이 목표이기 때문에 쉽고 빠르게 답을 채울 필요가 없었기 때문이죠. 그리고 더 중요한 것은 저녁을 먹고 나면 책을 펴고 자리에 앉는 것이 익숙해졌습니다.

그다음부터 30분으로 예상 공부 시간을 늘립니다. 레이나는 이제 시간이 아닌 '분량'으로 목표를 옮겨갔습니다. 하루치 공부 목표가 있기는 하지만 30분 안에 마치지 못하는 날은 그만 해도 됩니다. 원한다면 더 할 수도 있고요. 어느 날 레이나는 주어진 과제를 평소보다 훨씬 빨리 끝냈습니다. 레이나의 엄마가 조심스럽게 물어보았지요.

"오늘 시간이 많이 남았는데, 조금 더 해볼래?"

"그러죠, 뭐!"

지금이 아이가 가장 크게 성장하는 때입니다. 다른 사람이 정해준 기준을 넘어서는 순간이니까요. 레이나는 수학을 싫어하지 않게 되었습니다. 과외 숙제도 밀리지 않았습니다. 단원 평가도 크게 두려워하지 않게 되었고요. '할 만하다'는 것을 깨닫게 되었기 때문입니다.

아이가 공부 시간을 너무 싫어하거나, 남이 옆에서 가르쳐주는 것 외에는 한자리에 앉아 공부하지 못하는 채로 학년이 계속 올라가면 나중에 공부량이 늘어났을 때 더 힘들어집니다. 반대로 아이가 저학년일 때부터 공부량에 욕심을 내다보면 아이는 공부에 흥미를 잃거나, 하기 싫어도 벗어날 수 없는 상황에 무기력해집니다. 옆에서 부모나 선생님이 부채질을 하여 오래 공부하는 것에 길들여지면 본인이 자력으로 할 수 있는 공부가 얼마만큼인지 스스로 알지 못하게 됩니다. 주로 자신을 과대평가하게 되죠. 지금까지 늘 1시간씩 공부를 해왔다고 착각하니까요. 이런 요인들이 모이면 아이는 고학년이 될수록 성적이 추락하게 됩니다.

10분 규칙을 제안한 쿠퍼 교수는 한 인터뷰에서 숙제는 반드시 아이의 발달 단계와 가정 환경에 적합한 것이어야 한다고 강조했습니다. 아이에게 적당한 수준의 노력으로 완수할 수 있는 과제를 부여하고, 하기 싫은 날도 조금 참으며 끝까지 하도록 격려하면서 이끌어 주세요. 이렇게 규칙적인 공부 시간을 가짐으로써 아이들은 독립적으로 공부하는 습관과 책임감 있는 태도를 기르게 되고, 자기 조절력, 자율성, 자기 효능감을 기르게 됩니다.

공부는 노동이 아니다

그럼에도 불구하고 여전히 학년당 최소 공부 시간을 사용하기에 안심이 되지 않는 분들이 계시겠지요. 얼마 전 태재대학교 염재호 총장님과 함께 점심 식사를 했습니다. 그날 나누었던 이야기 중에 여러분께도 전해드리고 싶은 메시지가 있어요.

"공부는 노동으로 할 것이 아니라 호기심으로 해야 한다."

숙제를 성실하게 하고, 기한을 지키는 것. 지각하지 않고 수업에 참여하는 것. 내가 할 일을 스스로 챙기는 것은 아이가 배워야 할 것임이 틀림없습니다. 하지만 그보다 더 중요한 것은 진짜 공부는 내가 궁금한 것을 배우는 과정이라는 점입니다. 아이가 주어진 과제를 성실하게 책임지는 '노동'은 최소한으로 가져가야 아이의 호기심을 채우고 꿈을 키우는 진짜 공부를 할 시간이 주어집니다. 공부는 엉덩이 힘으로 하는 것이 아닙니다. 오래 앉아서 주어진 양을 꾸역꾸역 해내는 아이로 만들지 마세요. 나이에 맞는 성실한 태도를 배웠다면 충분합니다. 그다음은 아이가 일어서서 직접 보고, 듣고, 꿈꾸며 앞으로 달려가도록 놔두세요. 뒤에 이어질 '스스로 생각하고 배우는 습관'과 '탁월한 아이를 만드는 성장 습관'에서 함께 이야기해요.

시간 관리 능력을 키우는 아이템: 알람, 타이머, 플래너

공부 습관을 '시간'에 집중해야 하는 이유가 한 가지 더 있습니다. 바로 아이들에게 시간 관리를 알려주어야 하기 때문입니다. 시간은 눈에 보이지 않는 추상적 개념입니다. 아이들에게는 쉽게 와닿지 않죠. 차근차근 알려주어야 합니다.

시간 관리와 학업 성취에 대한 재미있는 연구가 있습니다. 대학생들을 대상으로 게임 시간과 수면, 학점, 집중력 등을 조사한 연구입니다. 게임을 많이 하는 학생 그룹과 게임을 적게 하는 학생 그룹을 나누어 여러 항목을 비교해보았습니다. 흥미로운 발견은 게임을 많이 하는 학생들이 일주일에 공부하는 시간이 더 길었다는 점입니다. 게임을 하느라 공부를 많이 못 할 것 같은데, 어떻게 된 일일까요?

학생들이 게임을 많이 한다고 해서 공부를 포기하지는 않았습니다. 이 실험에 참여한 학생들은 모두 같은 대학교에 다니고 있으니, 어느 정도 성적에 대한 욕심과 책임감은 비슷하게 있었을 것입니다. 게임을 많이 하는 학생들은 자신의 생활 패턴을 바꾸었습니다. 잠을 줄인 것입니다. 하지만 그런 생활 패턴으로는 수업 시간에 집중을 하지 못했고, 그 결과 학생들은 과제를 하거나 시험 준비를 할 때에 더 많은 시간을 노력해야 했겠지요. 혹은 수면 부족으로 떨어진 집중력 때문에 같은 양을 공부해도 더 오랜 시간이 걸렸을 것입니다. 슬프게도 그들의 노력은 보상을 받지 못합니다. 더 오래 공부했지만, 더 낮은 성적을 받게 되었죠. 시간 관리에 실패한 결과입니다.

목표를 설정하고, 시간을 정돈하고, 계획을 짜고, 현재 하고 있는 일에 집중하는 것은 뇌의 전전두엽피질(Prefrontal Coretex)에서 담당합니다. 이 영역이 다른 영역들과 서로 연결되어 신호를 주고받으면서 자신이 설정해둔 목표를 이루기 위한 행동들을 계획하고, 이것을 주어진 시간 안에 마치도록 실행합니다. 이 영역은 성인이 될 때까지 천천히 발달하기 때문에 청소년기까지도 계획을 하거나 시간을 잘 계산하여 행동을 맞추는 것이 미숙한 것은 당연합니다. 그렇기 때문에 아이들의 공부 습관을 잡아주는 데에 부모의 도움이 필요한 것입니다.

시간 관리를 잘하지 못하는 아이들은 두 가지 특징이 두드러집니다.

첫째, 한 가지 일에 빠지면 그것을 적당한 때에 그만두지 못합니다. 그것이 어떤 일이든 관계없이요.

둘째, 중요한 일을 먼저 처리하지 않고 미룹니다. 미루는 대신 편안한 일이나 재미있는 일을 먼저 선택합니다.

첫 번째 행동은 주의의 통제와 조절, 그리고 시간의 인식과 계획 능력이 부족한 것이고, 두 번째 행동은 충동의 조절과 만족 지연 능력, 목표지향적 행동을 하는 실행 능력이 부족한 것입니다. 모두 전전두엽피질의 발달과 연관되어 있습니다.

현재 하고 있는 활동을 그만두지 못하는, 즉 시간 가는 줄 모르는 아이를 도와줄 수 있는 것은 알람 시계입니다. 방과 후 만화책을 좀 보다가 숙제를 시작해도 아무런 문제는 없습니다. 숙제를 꼭 먼저 해야 하는 것은 아니니까요. 다만, 적당한 시간에 만화책을 덮고 숙제로 주의를 이동해야 하죠. 아이와 숙제에 걸리는 총시간과 숙제를 다 마쳐야 하는 시간을 상의하세요. 그러면 숙제를 언제 시작해야 하는지 역으로 계산할 수 있습니다. 예를 들어, 저녁 식사 시간인 6시 전에 숙제를 마쳐야 하고, 숙제를 다 하는 데 대략 30분이 걸린다면 안전하게 5시에 숙제를 시작하는 것이 좋습니다. 그럼 알람 시계를 4시 55분에 맞춥니다. 알람이 울리면 읽던 페이지를 끝으로 만화책을 덮고, 공부 거리를 챙겨 책상에 앉는 것이죠.

오늘따라 숙제가 많아서 좀 쉬고 싶을 때도 있습니다. 잠깐 쉬려던 것이 1시간이 되어버리면 안 되겠죠. 이럴 때는 타이머를 맞춥니다. 15분 타이머를 맞추고 거실에서 퍼즐을 좀 맞추거나 동생과 수다를 떨다가 타이머가 울리면 다시 숙제로 돌아갑니다.

우선순위 구분이 어려운 아이를 도와줄 수 있는 도구는 플래너입니다. 거창한 것을 살 필요는 없고, 쪽지에 오늘 할 일을 적어두는 정도로 시작해도 됩니다. 적는 방법은 두 가지로 생각해볼 수 있습니다. 하나는 해야 할 일의 리스트만 적는 것이고, 다른 하나는 해야 할 일에 순서를 부여해 적는 것입니다.

하나의 형태가 무조건 더 좋다고 할 수는 없습니다. 아이의 능력과 성향에 따라 선택할 수 있습니다. 계획 짜기의 초심자

라면 어른이 함께 해야 할 일의 리스트를 훑어보고 순서를 부여해주는 것이 좋습니다. 아이 스스로 유연하게 일의 순서를 바꾸어가며 할 수 있게 된다면 순서 짜기에서 부모가 물러서도 좋아요. 아침이나 하교 후에 오늘 할 일을 생각해보고, 하루를 마치는 시점, 저녁 식사 전이나 자기 전에 할 일을 잘 마쳤는지 확인하면 됩니다.

저는 플래너에 공부만 쓰지 말고, 아이가 맡은 집안일과 아이가 하고 싶은 재미있는 일도 함께 넣기를 추천합니다. 우리의 목표는 아이가 공부를 하는 데에 있는 것이 아니라, 24시간이라는 주어진 시간에 해야 할 일들을 효율적으로 배분하여 목표를 완수하는 것이기 때문입니다. 아이들에게는 노는 것도 꼭 해야 할 일입니다. 플래너 사용에 익숙해지면 일요일에 다음한 주의 일정을 함께 논의하고, 주간 플래너를 쓰는 것도 좋습니다. 장기적 시간관을 키워주고, 미래지향적 사고를 할 수 있는 좋은 기회가 됩니다.

시간 관리는 뇌의 관리

누구에게나 하루는 24시간밖에 없습니다. 한 가지 활동에 시간을 많이 쓰면 다른 활동은 그만큼 기회를 잃어버리게 됩니다. 전작인 《0~5세 골든 브레인 육아법》은 아이들의 시간이 유한하기 때문에 뇌 발달에 중요한 요소들이 서로 균형을 이루어야 한다는 점을 강조했습니다. 아이는 반복되는 일과를 통해 습관을 형성해가고, 누적된 습관을 바탕으로 매일 행동하게 됩니다. 학령기에 접어들면 24시간 안에 공부 시간이 자리 잡게 됩니다. 아이의 24시간은 이에 맞추어 재편성되어야 합니다.

숙제 시간을 습관화하는 것은 하루의 일정 부분이 공부에 할당되어 있으며, 삶에는 우선순위가 있다는 것을 알려주는 방법입니다. 저는 성실하게 공부하는 것이 중요하고, 주어진 일에 최선을 다하는 것도 중요하지만, 수면 시간을 희생해서는 안 된다고 생각합니다. 가족들과 함께 앉아 식사하는 시간도 마찬가지이고요. 적절한 운동 시간을 유지하는 것도 중요합니다.

아이들은 이 세 가지(수면, 식사, 운동)를 최상으로 유지하고, 디지털 미디어를 사용하는 시간도 적정 수준을 넘지 않으면서 공부하는 시간을 사용해야 합니다. 공부도 많이 하고 게임을 많이 하면 잠을 줄이게 됩니다. 잠이 줄어들면 집중력이 약해지면서 수업 시간에 제대로 이해하지 못하고, 숙제를 마치는 데에도 시간이 더 오래 걸립니다. 이런 생활이 습관이 되면 아이는 언제나 시간이 모자라기 때문에 필연적으로 운동을 희생시킵니다. 그것이 현재 우리 아이들의 모습입니다. 우리나라 청소년은 스마트폰은 많이 쓰고, 잠은 적게 자며, 운동은 거의 안

하는 아이들이 되어버렸고, 몸이 약하고 체질량지수는 증가하며 마음은 행복하지 않습니다.

시간 관리 능력은 뇌의 관리 능력입니다. 일찍 자고 일찍 일어나도록 수면 습관을 길러주세요. 아침에 일찍 일어나 아침 식사를 하고, 스스로 등교 준비를 하고, 지각을 하지 않도록 습관화해야 합니다. 매일 운동 시간을 빼놓으세요. 뇌의 집중과 기억 시스템이 잘 기능하고, 정서적으로 안정되어 있으며 내 몫을 열심히 하겠다는 동기가 있어야 공부를 잘합니다. 건강한 뇌를 유지하는 동시에 공부 시간을 학년에 맞게 배치하는 거예요.

이제 마지막으로 부모님에게 당부하고 싶은 것이 있습니다. 시간은 누적된다는 것입니다. 하루에 10분 공부하는 것은 얼마 되지 않는 것 같지만 평일에만 해도 한 달이면 200분입니다. 1년을 반복하면 2,400분입니다. 아이가 스스로의 힘으로 공부하는 시간을 누적하는 것만큼 초등학생의 공부에 중요한 것은 없습니다. 공부는 해야 하는 것이고, 얼마든지 할 수 있는 것이며, 하면 할수록 잘하게 되는 것임을 알려주세요. 이 책에서 한 가지 메시지를 가져가야 한다면, 저는 이것을 꼽겠습니다. 오랫동안 반복되는 행동은 아무리 작아도 결국은 아이의 뇌를 바꾼다는 것이요. 이것이 습관을 길러야 하는 이유입니다.

탁월한 뇌를 만드는 **육아**

쉽게 무너지지 않는 공부 습관

- 아이 자신이 공부의 주체임을 잊지 마세요. 부모는 돕는
  사람입니다.

- 아이가 학교에서 무엇을 배우고 있는지, 어려움은 없는지에 대한
  부모의 지속적인 대화는 아이에게 공부의 중요성을 알려줍니다.

- 아이는 최소 공부 시간을 통해 자신의 노력으로 성취할 수 있다는
  것을 배웁니다.

- 의무로 하는 공부로 하루를 다 채우기보다는
  호기심과 꿈을 키우는 시간을 지켜주세요.

- 시간을 관리하고 기한을 지키는 습관을 만들면
  성실함을 기를 수 있어요.

03

스스로 생각하고
배우는 습관

생각은 하지 않고 문제만 푸는 아이

제 친구의 이야기입니다. 친구는 미국에서 아이를 키우다가 장기간 한국을 방문하면서 소위 '영어 유치원(유아용 영어 학원)'이라는 곳에 아이를 보내려고 마음먹었습니다. 아이가 미국에서 (당연히 영어만 사용하는) 유치원을 다니고 있고, 한국어보다 영어로 소통을 잘하니 일반 유치원보다 더 적응하기 쉬울 것으로 생각했기 때문이죠. 그런데 영어 유치원에서는 의외의 말을 했습니다.

"미국에서 자란 아이들은 읽고 쓰기를 못 해서 받아줄 수 없어요. 여기 애들이랑 레벨이 안 맞아요."

한국 부모님들과 공부에 대해 대화를 나눌 때면 자주 등장하는 단어가 있습니다. 바로 '레벨'입니다. 학원들은 학생들에게 레벨 테스트를 실시하고, 레벨에 맞추어 반을 나누거나 학원 프로그램에 포함시킬지 결정합니다. 아이들이 읽는 책은 단어 수나 어휘 수준에 따라 레벨이 나뉘어 있고, 어떤 책을 읽는지는 곧 그 아이의 독해 실력이 됩니다. 레벨 테스트의 좋은 점도 있습니다. 학생마다 현재의 수준과 공부의 속도가 모두 다르니 테스트를 통해 아이에게 맞는 교육을 맞춤으로 제공하면 아무래도 효과가 좋겠지요. 아이의 독서 수준에 맞는 책들은 아이에게 필요한 연습을 제공하고, 더 좋은 독자로 성장하기 위한 기회가 될 수도 있습니다.

문제는 레벨 테스트가 아이의 교육을 위한 도구가 아니라 아이의 공부의 목적이 될 때입니다. 시험에서 더 높은 점수를 받는 것, 레벨 테스트를 통과하는 것, 더 높은 레벨로 올라가는 것, 더 빨리 진도를 나가는 것을 공부의 목표로 두는 것이죠. 간단하게 표현하자면, 시험 문제의 답을 맞히기 위해 공부를 하게 됩니다.

이렇게 되면 아이들의 공부는 더 이상 공부가 아닙니다. 문제를 푸는 연습으로 전락하게 됩니다. 아이들의 독해 문제집에는 짧막한 글이 담겨 있고, 그 글의 이해를 묻는 질문으로 이어집니다. 글의 제목으로 적절한 것, 혹은 주인공의 심경으로 알

맞은 것을 찾도록 합니다. 모두 좋은 생각거리들입니다. 하지만 아이들에게 주어지는 것은 생각할 기회가 아니라 답을 맞힐 짧은 시간과 오답을 골라서는 안 된다는 압박입니다. 그러다 보니 아이들은 글을 읽고 생각하기보다는 문제를 보고 답을 찾아내는 데에 더 집중하게 됩니다. 문제를 푸는 요령을 익히고, 비슷한 문제를 여러 번 풀어 점점 정답률을 높입니다. 결국 '레벨'이 올라갑니다. 이제 가장 큰 문제가 발생합니다. 올라가는 점수와 레벨을 보며 아이는 자신이 잘 알고 있다고 착각하게 됩니다.

이 착각은 학습과 성과의 착각입니다. 미국 아이를 입학시키지 않는 '영어 유치원' 이야기로 돌아가보겠습니다. '영어 유치원'은 영어를 사용하는 환경에서 유아 교육을 제공하는 데에 그 의의가 있습니다. 만약 영어를 모국어로 사용하는 친구가 함께한다면 그 교실의 아이들은 자연스럽게 놀면서 더 많은 기회를 얻게 됩니다. 새로운 친구와 대화하기 위해 영어를 더 열심히 배우게 하는 동기가 되고, 선생님은 가르쳐줄 수 없는 또래 아이들이 실제로 쓰는 말을 배울 수 있습니다. 하지만 이 영어 학원은 학원이 목표로 하는 읽기나 쓰기 레벨을 높이는 것을 우선하여 그 기회를 차단했습니다.

미국 사는 아이가 한국에서 영어 점수가 낮은 경우

이와 비슷하게 영미권에 사는 아이들이 한국의 어학원에서 낮은 평가 점수를 받는 경우가 있습니다. 그 아이는 학년 대비 언어 수준이 딱히 낮지 않은데도 불구하고 말입니다. 한국에서 영어 학원을 다닌 아이들이 미국에서 공교육을 받는 아이들보다 더 긴 책을 읽고, 긴 글을 써냅니다. 놀라운 성과입니다. 이것을 부정하지는 않겠습니다. 실제로 한국은 매우 작은 나라인데도, 세계 유수 대학에 가장 많은 유학생들을 보내는 나라 중 하나이니까요.

하지만 성과를 학습으로 착각해서는 안 됩니다. 아이가 읽고 문제를 풀어낼 수 있는 텍스트의 수준이나 아이가 받아오는 토플 점수가 이 아이의 영어 능력 전부를 대표하지는 않습니다. 결국 아이는 클수록 이 간극을 느끼게 됩니다. 토플 점수는 높지만, 영어로 대화를 하기는 어려운 자신, 독해 문제는 풀 수 있지만, 책을 읽고 깊은 감상을 논하기는 어려운 자신을 마주하게 될 테니까요. 이 간극을 느낄수록 아이는 영어에 자신감을 잃어갑니다. 그리고 높은 점수의 뒤로 숨게 되겠지요.

저는 스탠퍼드 대학교 심리학과 박사 동기 중에 유일하게 영어로 교육을 받지 않은 사람이었습니다. 동시에 동기들 중에 가장 높은 GRE 점수를 가진 사람이었습니다. (한국 사교육이 이렇게 대단합니다 여러분!) 그 사실을 발견하고 저와 동기들 모두가 함께 받았던 충격을 잊을 수가 없네요. 다들 대체 어떻게 공부를 했냐고 비법을 물었지요.

눈부신 GRE 점수는 미국 땅에 들어서자 딱히 빛을 발하지 못했습니다. 하루에 수백 개씩 빠른 속도로 외워댄 영어 단어는 몇 달 뒤엔 대부분 뇌에서 휘발되어버렸습니다. GRE 독해 점수가 만점에 가까웠지만 수업에서 요구하는 읽기 자료를 시간 안에 읽어내는 것은 역부족이었습니다. 그동안은 제가 영어를 잘하는 줄 알았는데, 하루하루가 좌절의 연속이었습니다. 학습과 성취 사이의 간극에서 오는 부끄러움으로 괴로웠지요.

틀려도 된다, 틀려야 배운다

어느 날 처음 만난 친구와 대화를 하던 중이었습니다. 제가 한국에서 태어나 자랐다는 것, 미국에 도착한 지 한 달밖에 되지 않았다는 것을 듣더니 그 친구가 깜짝 놀라며 말했습니다. '한 달 만에 이렇게 대화를 할 수 있게 된 거야? 어떻게 그렇게 할 수 있지? 너 정말 대단하다!' 당연히 한 달 만에 모든 것을 배우지는 않았지만, 외국인을 많이 만나보지 못한 그 친구의 눈에 저는 영어 신동쯤으로 보였나 봅니다. 그 후로 저는 영어에 대한 생각을 많이 바꾸었습니다. 완벽하게 알아듣지 못하거나, 완벽한 문장을 구사하지 못하는 것은 문제가 아니라는 생각이 들었지요.

"그래. 의사소통이 되는 게 어디야? 좀 틀려도 되지. 나는 미국에 온 지 얼마 되지 않았으니까."

틀려도 된다는 생각은 대단한 용기를 주었습니다. 순수하게 제가 아는 만큼만 영어를 사용하기로 했습니다. 틀린 문장을 구사할 때도, 단어를 모를 때도 많았지만 어떻게든 할 말을 해내는 것을 목표로 삼는 것이죠. 그러자 수업에서 조금씩 목소리를 낼 수 있었습니다. 이전에는 하고 싶은 말이 있어도 속으로 문법적 오류가 없는 문장을 만들어내느라 타이밍을 놓쳐버리기 부지기수였거든요. 질문이 생각나면 일단 손을 들고, 운을 떼운 뒤에 되는 대로 내뱉습니다. 그러면 교수님들과 친구들이 제 말을 이해하기 위해 눈썹을 찌푸린 채 목을 점점 앞으로 빼는 진풍경을 감상할 수 있습니다. 참 감사하게도 모두들 어떻게든 제 말을 이해해보려고 노력해줍니다. 어떨 때는 제가 한 말을 옆 친구가 해석해주기도 하고, 고쳐주기도 합니다. 그렇게 1년을 보내고 여름방학을 맞아 친구들과 영화를 보러 모였습니다. 한 친구가 그러더군요.

"BK, 너 요즘 영어가 놀랍게 좋아졌어."

맞히기 위한 공부를 할 때의 단점은 틀릴 기회가 점점 사라지는 것입니다. 틀리지 않으면 내 실력에 대한 정확한 피드백을 받을 수 없습니다. 어떻게든 맞힐 것을 목표로 삼는 것이 아니라 질문에 대한 답을 곰곰이 생각하고, 뇌에 저장된 정보를 샅샅이 뒤지며 답을 찾아낸 뒤 자신의 생각을 표현해야 합니다. 그리고 그 답이 맞았는지 틀렸는지를 순수하게 확인하는 것으로 한 걸음씩 학습 해나가야 합니다. 아이가 공부하다 실수를 하고, 그것을 바로잡을 수 있는 피드백을 받으면 아이는 자신이 아는 것과 모르는 것의 경계를 구분할 수 있게 됩니다. 이것을 메타인지라고 부릅니다.

고정 마인드셋과 성장 마인드셋

칭찬의 기술에서 언급한 마인드셋 이론으로 돌아가보겠습니다. 고정 마인드셋을 가진 사람의 뇌와 성장 마인드셋을 가진 사람의 뇌는 자신의 실수나 오류에 다르게 반응합니다. 성장 마인드셋을 가진 사람들은 실수를 했을 때 더 주의를 기울이며, 실수한 뒤에 성취가 더 좋아집니다. 이는 실수에 대해 다른 해석을 가지고 있기 때문입니다. 고정 마인드셋을 가진 사람은 실수를 무능함과 형편없음의 표시로 받아들이지만, 성장 마인드셋을 가진 사람은 자신이 더 배워야 할 '신호'로 받아들입니다. 그래서 이 신호에 민감하게 반응하고 더 주의를 기울일 수 있습니다. 자신이 부족하다는 신호에 귀를 기울임으로써 더 배울 수 있는 기회를 잡습니다.

뇌는 원래 예측에서 어긋났을 때 잘 배우도록 되어 있습니다. 맞혀야 한다는 그릇된 가르침으로 이 기능을 잃어버리지 않도록 해주세요. 아이들이 문제의 정답을 맞히지 못 했을 때, 혹은 예상과 빗나가는 답을 내놓았을 때는 가장 좋은 배움의 기회입니다. 캐롤 드웩 교수는 아이들이 실수를 했을 때 이를 기념하라고 이야기합니다. 아이가 답을 다 맞혔을 때는 오히려 "에이, 다 맞혀버리다니 오늘은 더 배울 게 없네" 하며 아쉬워하라고 했지요. 정답을 맞히지 못했다면 아이들과 나란히 앉아 "오, 예상과 다르다니 신기한데?"라고 이야기하세요. 그리고 그것에 더 주의를 기울이고, 더 많이 생각하도록 이끌어주세요.

- 문제에 대해 천천히 그리고 곰곰이 생각해본다.
- 자신이 생각하는 답을 적는다.
- 만약 틀렸다면 새로운 배움의 기회로 여기고 함께 기뻐한다.
  (칭찬의 기술 참고)
- 성장 마인드셋 전략을 사용하여 실수에 집중하고 분석한다.

"다시 한번 읽어보자."

"다시 한번 해볼까?"

"무엇을 놓쳤지?"

- 다시 도전한다.
- 혼자 힘으로 해결할 수 없다면 함께 해결한다.

아이에게 어떻게든 답을 맞힐 것을 강요하지 마세요. 오히려 오답을 적을 용기를 심어주세요. 내가 지금 알고 있는 선에서 최선을 다해 답을 하고, 만약 답이 충분치 않다면 어디에서 채울 수 있는지를 확인하는 습관이 당장의 백 점보다 더 중요합니다. 이를 위해서는 조금 천천히 공부할 필요가 있습니다. 한 문제를 놓고 충분히 고민하고, 다시 생각하고, 틀렸을 때 그것을 고칠 기회를 가져야 하기 때문입니다. 다시 도전했지만, 여전히 길을 찾지 못했다면? 다음의 〈질문하는 습관〉을 참조하세요.

질문하는 습관

엄마와 매일 수학 공부를 하고 있는 서하에게 답이 틀렸을 때 어떻게 해야 하는지 질문해보았습니다.

"다시 시도해(Try again)."

"다시 시도해봤지만 잘 모른다면 어떻게 해야 할까?"

"음, 물어봐!"

"누구에게 물어볼까?"

"선생님! 친구들! 엄마! 아빠!"

'스튜디오 B'를 시작한 저는 〈학습 독립〉이라는 이름으로 아이들이 스스로 공부하는 것을 돕는 강의와 컨설팅을 운영하고 있습니다. 초등 입학을 앞둔 아이부터 고등학생까지, 다양한 연령의 자녀를 둔 부모님들이 원하는 한 가지는 바로 자기 주도 학습이었죠. 학습 동기에 대해 이야기할 때 제가 언제나 드리는 말씀이 있어요. '순수하게 자기 혼자서 공부하는 사람은 없다'라고요. 있다면 아무도 없는 산속에 들어가 홀로 수련을 하는 사람 정도일까요?

누구도 혼자만의 힘으로 공부하지 않습니다. 학생부터 성인까지, 그리고 기업과 대학까지도요. 인류는 이미 방대한 지식을 축적해두었기 때문에 혼자서 모든 분야를 이해할 수 있는 사람은 이제 존재하지 않습니다. 세계적인 석학이 모여 있는 명문대들도 모두 협업을 강조하고, 기업은 팀원들이 함께 목표를 추구하도록 강조합니다. 미래 인재의 가장 중요한 덕목으로 꼽히는 것 중 하나는 바로 협업(Collaboration)입니다. 함께 공부할 수 있는 사람이 더 유능하게 성장합니다.

그러므로 스스로 공부한다는 것은 아무런 도움이 없이 혼자서 공부한다는 것이 아니라, 나에게 필요한 도움을 주체적으로 활용하는 것을 의미합니다. 도움을 잘 받는 것은 공부를 잘하는 방법 중의 하나입니다.

도움을 받기에 가장 쉬운 방법은 질문입니다. 많은 한국의 아이들이 질문하는 것을 어렵게 생각합니다. 손을 들고 질문을 하면 이목을 끌기 때문에 부끄럽기도 하고요. 잘난 척하는 것처럼 보이진 않을까 하는 걱정과 이런 질문을 하면 바보같이 보이지 않을까 하는 걱정이 함께 찾아옵니다. 하지만 아이들이 아주 어렸을 때를 생각해보세요. 끊임없이 질문하던 시절이 있었습니다. 대개 처음 질문은 "뭐야?"로 시작합니다. 말문이 트이지 않았다면 손가락으로 이것저것 가르치면서 "응? 응?" 하고 물어보지요. 그다음은 "왜요?"가 이어집니다. 화장실에 가자고 해도 "왜요?" 잠을 자자고 해도 "왜요?"하고 하루 종일 질문을 달고 삽니다. 언제부터 우리 아이에게서 질문이 사라진 것일까요?

호기심은 내가 잘 모르는 것에 대해 알고자 하는 충동과 욕망입니다. 대상에 대해 정보를 모으고, 탐색하고, 관찰하여 대상을 이해하고 싶은 마음입니다. 어린 아이들의 호기심은 대상을 먹어보고, 찔러보고, 던져보도록 행동을 유발하고, 아이들은 기꺼이 대상과의 놀이를 통해 이해의 지경을 넓혀갑니다. 아이가 자라면서 대상에는 이름과 용도가 있다는 것, 사건에는 일어나는 이유가 있다는 것을 이해하게 되면 질문이 시작됩니다.

"이 강아지는 이름이 뭐예요? 왜 강아지가 꼬리를 흔들어요? 만져봐도 돼요? 나하고 같이 놀 수 있나요?"

호기심이 해결된 순간 뇌가 발달한다

호기심은 "알아내기"라는 행동을 촉발시키는 충동입니다. 특히 그 대상이 흥미롭고 새로운 것이라면 더더욱 참기 어려운 욕망이지요. 먹어보거나 찔러보거나, 질문을 해서 답을 구하는 등의 행동을 통해 몰랐던 것을 알게 되면 호기심이라는 충동은 해소됩니다. 마치 목 마를 때 물을 마셔서 갈증이 해소되는 것처럼요.

이 과정을 거쳐 궁금증을 해결하고 나면 뇌의 보상 영역과 학습 및 기억 영역이 모두 활성화됩니다. 즉, 아이들이 궁금한 점을 알아내는 것은 즐거운 배움 그 자체이고, 가장 중요한 공

부 방법입니다. 결국 계속해서 궁금증을 가진 사람만이 계속해서 공부할 수 있습니다.

자, 다시 최소 공부 시간의 법칙으로 돌아가봅시다. 제가 생각하는 자기 주도 학습은 아이가 정해진 학습지를 잔소리 없이 해내는 것이 아닙니다. 호기심을 가지고 탐구하는 것입니다. 숙제는 오늘치를 마쳤으면 됐어요. 이제 치워버립시다. 가방 속에 넣어두고 잊어버리세요. 진짜 공부는 이제부터 시작입니다. 아이가 정말로 궁금해하는 것의 답을 찾아보세요.

봄방학을 맞이해 라스베이거스와 그 근처의 국립공원들을 방문했습니다. 박물관이나 과학관 안의 식당이나 기념품 상점은 대개 마트보다 가격이 비쌉니다. 아이들은 지난 경험을 통해 그것을 알고 있고, 온라인 쇼핑몰의 가격과 비교하여 기념품 상점에서 사는 것보다 집에 가서 주문하는 것이 낫겠다고 결정한 적도 있지요. 그런데 국립공원의 기념품 상점에서 파는 바람막이 재킷은 의외로 저렴했습니다. 식당에서 판매하는 음식도 마찬가지였어요. 분명히 이 산속까지 물건을 가져오려면 더 많은 운송비가 들었을 테고 다른 경쟁 가게도 없으니 높은 가격을 받아도 될 텐데, 왜 그럴까요?

브라이스캐니언 국립공원은 인근 지역보다 훨씬 추웠는데, 저는 두꺼운 외투를 챙겨가지 않았기 때문에 기념품 상점에서 재킷을 사야 했습니다. 만약 비싼 가격을 책정한다면 구매를 포기하는 사람들이 생길 것이고, 국립공원의 상점은 유일한 가게이기 때문에 꼭 필요한 것을 여기서 사지 못하면 사람들의 안전과 건강에 문제가 생기겠지요. 아마도 이곳의 저렴한 재킷은 갑작스러운 추위로 인해 발생하는 사고를 막기 위해서인지도 모른다는 결론에 도달했습니다. 물론 사실인지는 잘 모르겠습니다. 우리 가족이 이틀동안 토론하며 내린 결론입니다.

그랜드캐니언은 각 시대별로 색이 다른 지층을 볼 수 있는 재미있는 곳입니다. 그랜드캐니언 국립공원에는 방문 센터(Visitor Centor)와 지질학 박물관이 있고, 다양한 정보 책자도 나누어줍니다. 유하는 지층, 융기, 풍화 등의 용어를 새롭게 배우기도 하고, 서하는 학교에서 배웠던 지식을 현실로 만나며 복습합니다. 엄마 아빠가 초등학생 시절에 했던 고무찰흙 실험(색깔별 고무찰흙을 쌓고 잘라서 단면을 보면서 지층을 이해하는 실험) 이야기를 해주었더니 아이들은 신이 나서 꼭 해보고 싶다고 합니다. 서하는 학교에서 비슷한 실험을 크래커로 했다고 하네요. 집에 돌아온 뒤로는 지질학 혹은 지구과학책을 읽기도 하고 국립공원 책들을 보며 다음 여행지를 꿈꾸기도 합니다. 구글어스로 위치를 확인하고, 구글맵으로 경로를 찾아보면서 꿈을 구체화시키기도 하지요.

주변을 둘러보세요. 국립공원까지 가지 않아도 도처에 배울 것들투성이입니다. 라면 봉지 뒤에는 라면을 끓이는 방법이 적혀 있습니다. 라면을 가장 맛있게 끓이려면 얼마나 많은 물을 넣어야 하는지 연구원들이 여러 번의 실험 끝에 발견한 정답이 들어 있지요. 라면에 파를 넣으면 더 맛있을지, 양파를 넣으면 더 맛있을지 궁금하다면 확인해보면 될 일입니다. 새로운 장난감에는 설명서가 들어 있습니다. 아이와 함께 읽어보세요. 선물로 받은 소중한 곰 인형을 망가뜨리지 않으려면 어떻게 빨아야 할까요? 물에 담가 빨지 말고 오염이 있으면 부분 세척하라고 되어 있을지도 모릅니다. 미리 읽어 보았더라면 곰 인형이 망가지지 않았을 텐데 말이죠. 우리는 언제나 배울 수 있고, 배움은 우리에게 힘을 줍니다.

호기심의 해소 과정은 아이들이 이미 갖고 있는 행동의 메커니즘입니다. 우리는 호기심을 해소하는 습관을 따로 만들 필요가 없습니다. 그저 원래 갖고 있는 호기심의 싹을 뽑아내지만 않으면 됩니다. 우리가 해야 할 일은 아이들이 질문을 할 때 그것을 반갑게 맞이하는 것입니다. 그러면 아이는 내가 세상을 궁금해하는 것은 당연하고도 좋은 일이며, 내가 궁금해할 때에는 주변에서 도움을 준다는 믿음을 가질 수 있습니다.

아이의 질문을 귀하게 여기세요

모든 질문에 그럴싸한 답을 하지 못해도 괜찮습니다. 그럴 때는 세상의 도움을 받아봅시다. 세상에는 많은 정보가 있습니다. 아이의 호기심을 당장 해결할 수 없을 때도 있지요. 그것은 미래의 희망으로 남겨두면 됩니다.

- 사전을 찾아보세요.
- 도감이나 백과사전을 찾아보세요.
- 어떤 책을 보면 정보를 알 수 있을지 생각해보세요.
- 답을 모르겠다면 도서관에 가서 사서 선생님께 질문하세요.
- 책이 없다면 인터넷 검색을 활용해보세요.
  어린이를 위한 정보가 없다면 어른과 함께 읽어봅니다.
- 이것을 알고 있는 사람이 누구일지 생각해보고,
  그 사람에게 질문해보세요.
- 주변 사람 중에 잘 아는 사람이 없다면 영상을 검색해보세요.
  영상을 제작한 사람이 믿을 만한 사람인지 고민해보세요.
- 생성형 AI에 질문해보세요. 하지만 AI의 답이 정확한 정보인지
  확인하는 걸 잊지 마세요.
- 직접 경험해보세요. (예 노란 수박은 어떤 맛일까?)
- 나중에 직접 경험해보고 싶은 것들을 담은 버킷 리스트를

만들어보세요. (예) 낙타 등에 타면 어떤 느낌일까? 열기구를 타면
머리가 뜨거울까?)

탁월한 뇌를 만드는 **육아**

스스로 배우고 생각하는 습관

- 단순히 문제의 답을 맞히는 것이 아닌 스스로 생각하고 해결하는
  과정이 중요해요.

- 오답을 두려워하지 마세요. 실수를 통해 자신의 실력을 가늠하고,
  피드백을 통해 성장하면서 메타인지를 키울 수 있어요.

- 아이의 질문을 귀하게 여기세요. 자유롭게 질문할 수 있는 환경이
  꿈꾸는 인재를 만듭니다.

04

탁월한 아이를 만드는
성장 습관

우리는 아이들에게 좋은 습관을 만들어주기 위해 사용할 수 있는 여러 전략들을 이야기했습니다. 정체성을 부여하고, 방해물을 치워 실행을 쉽게 만들어주고, 설탕 코팅을 씌워주면서요. 하지만 인생의 모든 일에 설탕을 발라줄 수는 없습니다. 아이의 인생에서 정말 중요한 일이라면, 더더욱 그렇습니다.

탁월함을 만드는 열쇠는 삶의 부족함과 불만족을 받아들이는 것입니다. 삶에는 언제나 슬픔과 고통이 있고, 우리는 실패와 패배를 피할 수 없습니다. 우리가 언제나 행복하고 즐겁길 바란다면, 삶의 부정적 측면을 인정하기보다는 슬픔을 축소시키고 고통을 피하려고 하게 됩니다. 하지만 언젠가 피할 수 없는 순간이 반드시 있을 것이고, 이 사실은 우리를 더 비참하게 만듭니다. 그러니 받아들여야 합니다.

내가 선택한 고통이 나를 키운다

저는 아이들이 삶에는 고통이 있다는 사실을 배우기를 바랍니다. 더 중요하게는, 행복하기 위해서는 반드시 고통을 감내해야 한다는 것을 말이죠. 마크 맨슨의 《신경 끄기의 기술》에서는 이런 질문이 나옵니다.

"당신은 어떤 고통을 원하는가?"

멋진 몸매를 원한다면 운동을 하면서 근육이 터질 듯하고, 숨이 턱까지 차오르는 고통을 감내해야 합니다. 성적을 잘 받고 싶다면 아무리 지겨워도 수업을 집중해서 들어야 하고, 친구들과 잘 어울리기 위해서는 배려와 양보도 해야 합니다. 꿈을 실현하기 위해 차고 속에서 자신만의 일에 몰두하는 실리콘밸리의 창업자들도 투자금을 따기 위해 군중 앞 발표의 두려움을 이겨내야 하고, 지긋지긋한 세금 보고 시즌을 피해갈 수 없습니다. 결국 반복적으로 찾아오는 고통을 견딜 수 있어야만 내가 원하는 목표에 도달할 수 있습니다. 우리가 잘 선택해야 할 것은 어떤 고통을 기꺼이 감수할 것인가입니다.

저는 미국에 온 지 10년이 넘었습니다. 아직도 미국에 왔을 때의 첫 1년을 잊을 수가 없어요. 그 바보가 된 것 같은 기분. 은행에 가서 계좌 하나를 만들려 해도 은행 직원이 saving(저축계좌)이냐 checking(입출금 계좌)이냐를 선택하라고 하면 그게 무엇인지 알 수가 없었죠. 한 수업에서 책 한 권을 다음 시간까지 읽어오라고 했는데, 300페이지쯤 되더라고요. 매일 새벽 2~3시까지 읽었는데도 다 읽어가지 못했습니다. 친구들은 전날 읽기 시작하더라고요. 한국어로는 다 아는데 영어로 말하려면 설명을 못 하겠고, 수업에 미팅에 하루 종일 영어로 시달리다 들어오면 지쳐 잠들었습니다. 첫 1년은 괴롭고, 실망스럽고, 좌절하는 시간이었어요. 그 상태로 집에 들어오면 외롭고, 다음날 이 일을 반복해야 한다고 생각하면 두려웠습니다. 기다리던 주말이 되면 쌓여 있는 청소와 빨래가 나를 맞이했습니다. 그런데 1년쯤 지나고 나서 아주 중요한 것을 깨닫게 되었습니다.

"아. 나는 여기에 이러려고 온 거구나. 그게 내가 원했던 거구나."

한국에서 살 때에는 이런 어려움을 갖지 못했습니다. 말도 잘하는 편이었고, 글도 잘 쓰는 편이었습니다. (전혀 고생을 안 한 것은 아니었지만) 공부하면 성적이 곧잘 나왔고, 시간에 쫓겨 공부를 못 하거나 읽어도 이해가 안 되는 일은 별로 겪어본 적 없었지요. 그래서 더 많이 배우지 못했습니다. 저는 미국에 이걸 겪으려고 온 것이었어요. 잘 몰라서 괴로운 상태, 이것이 제가 선택한 고통이었습니다.

저의 뇌는 20여 년 한국에 살면서 나름의 예측 시스템을 만들어두었습니다. 모국어 발달도 잘 되었고, 문화적 규범도 배웠고, 사회 안에서 성과를 내는 법도 조금은 익혔습니다. 환경이 바뀌자 뇌는 지금까지 배운 대로 할 수가 없어졌습니다. 번번이 예측에 실패했고, 어떤 결과가 나올지 몰라 선택은 어렵고 불안할 수밖에 없었습니다. 하지만 그건 좋은 기회였어요. 성인이 된 사람은 쉽게 갖지 못하는 성장의 기회요.

아이의 고통을 없애준 부모의 실수

이것을 이해하지 못한 부모는 아이들에게 큰 실수를 합니다. 아이가 공부나, 운동이나, 피아노 연습이 힘들고 어렵다며 불평할 때면 "그럴 거면 그만둬!" 하고 일갈해버리는 것이죠. 어린아이들에게도 마찬가지입니다. 블럭을 쌓다가 무너져서 우는 아이, 보드게임에 져서 화를 내는 아이에게 "그럴 거면 하지 마!"하고 말하기 일쑤입니다.

부모가 아이의 고통을 인정하지 않는 이유는 다양합니다.

첫째, 천재성에 대한 오해입니다. 힘들지 않고 쉽게 하는 것이 잘하는 아이, 혹은 탁월한 아이의 모습이라고 생각하기 때문이죠.

둘째, 아이를 사랑한 나머지 아이의 고통을 빨리 없애고 싶기 때문입니다.

셋째, 부모도 고통을 다루는 법을 모르기 때문입니다. 여러 이유로 아이의 고통은 부모를 불편하게 하고, 부모는 여기에서 빨리 벗어나고자 "그만 둬"라고 합니다. 이것은 고쳐야 할 부모의 습관입니다.

고통을 인정하지 않는 것은 현대 사회의 특징 중 하나입니다. 노력하지 않고 좋은 것을 누리려고 하는 것, 힘들여 일하지 않고 많은 것을 얻는 것을 미덕으로 여기죠. 아무것도 하지 않고 편안한 것은 과연 행복일까요? 심리학자이자 철학자인 에리히 프롬은 자유란 '자발적으로 무언가를 위해 열심히 노력하는 것'이라고 이야기했습니다. 고통을 감내하는 것은 아이의 자유입니다. 부모가 억지로 그 기회를 빼앗아서는 안 됩니다.

고통을 인정하지 않는 부모는 피아노 연습을 힘들어하는 아이에게 이렇게 이야기합니다. 너는 피아노를 '즐기기 위해서'

하는 것이고, 웃으면서 고분고분한 태도로 연습하지 않는다면 피아노는 너에게 맞지 않는 일이라고 말이죠. 절대로 그렇지 않습니다. 피아노를 배우는 과정에는 즐거운 순간과 힘든 순간이 모두 있을 것입니다. 그럼에도 불구하고 계속해야만 탁월함을 만들어낼 수 있습니다. 만약 우리 아이가 기꺼이 그 힘듦을 감내하기로 한다면, 그때부터 피아노 연주가 이 아이의 길이 될 것입니다.

고통을 강내하는 습관

내가 선택한 고통이 나를 성장하게 합니다. 이 사실을 아이들에게 가르쳐주세요. 서하는 매일 학교에서 수학 숙제가 주어집니다. 보통 30분쯤 걸리는데, 가끔 내용이 쉽거나 문제 수가 적으면 10분 만에 휘리릭 끝나버리기도 합니다. 그럴 때면 저는 적극적으로 실망합니다.

"숙제를 이렇게 빨리하다니, 오늘 숙제는 좀 실망이다. 그렇게 쉬우면 배운 게 별로 없다는 뜻이잖아."

대단히 이상한 소리지요? 하지만 저는 진심으로 그렇게 믿습니다. 어려운 것에서 더 많이 배울 수 있다고요. 숙제가 쉽고, 적다면 몸은 편하겠지만 더 많이 배운다는 의미는 아닙니다.

"그러면 조금 더 풀어볼까?"

언제나 그런 것은 아니지만 숙제가 빨리 끝난 날은 서하가 자발적으로 공부를 더 합니다. 선생님이 내어주신 숙제에는 동그라미 표시를 하고, 본인이 고른 숙제에는 네모 표시를 합니다.

"이거는 특별한 Challenge(도전)야."

원래부터 잘했던 것 아니냐고요? 단원 평가 시험지 한 장을 2시간이 걸려도 풀지 못해 담임 선생님께 연락이 온 적도 있습니다. 2년 전의 이야기입니다. 여기까지 오는 데에는 서하의 수많은 고통과 도전이 있었습니다. 그리고 선생님과 가족의 격려와 지지도 있었고요. 숙제를 끝까지 못 한 날에는 솔직하게 선생님께 말씀드리고, 잘 모르는 부분은 선생님께 이메일로 질문을 하거나 엄마와 함께 풀어보았습니다. 첫 1년은 오늘의 몫을 마치면 함께 강강술래를 돌고, 다음 1년은 평소보다 쉽게 풀면 실망하면서 여기까지 왔습니다. 이제 숙제를 빨리 마치면 아쉬워하는 아이가 되었지요.

서하는 더 많이 배워서 'Big Brain'이 될 거라고 표현합니다. 실제로 맞는 말입니다. 새로운 것에 도전하고 어려운 것을 배우면서 우리의 뇌는 더 성장하니까요. 우리가 원하는 것은 쉬운 삶이 아니라 똑똑해지는 과정입니다. 이쯤 되면 딱히 고통은 아니라고 볼 수도 있겠습니다.

"잘 모르겠어? 배울 수 있는 기회구나."

"어려워? 더 많이 배울 수 있겠구나."

"실패했어? 축하해."

아이의 고통을 칭찬해주세요

아이가 앞으로 더 나아가기 위해 고통이 있는 순간을 피하지 말고, 축하하고 칭찬하여 받아들이도록 도와주세요. 우리가 배운 축하의 기술과 칭찬의 기술을 고통의 증거에 사용하시면 됩니다.

여기 몇 가지 기념할 만한 고통의 목록이 있습니다. 기억하세요. 탁월함은 고통이 없는 데에서 오는 것이 아니라, 이를 돌파해나갈 때 만날 수 있습니다.

- **지구력 칭찬하기** 축구 선수가 되고 싶어 하는 아이라면 아이가 흘린 땀과 벌겋게 달아오른 얼굴을 축하해주세요. 그것이 아이가 견뎌낸 고통의 크기입니다. 피아노 연습을 마치고 기진맥진해 있다면, 자랑스럽게 여겨주세요.
- **인내 칭찬하기** 철봉을 연습한 아이의 손바닥과 열심히 수학 문제를 푼 아이의 손가락에 굳은살이 생긴 걸 칭찬해주세요. 고통을 이겨낸 증거입니다. 유독 하기 싫어하는 날, 자리에서 몸이

비비 꼬이는 날, 그럼에도 불구하고 해야 할 일을 마쳤다면 인내심을 칭찬해주세요.

- **실수 칭찬하기** 수학 문제를 틀렸나요? 잘 모르는 데도 답을 찾으려고 애썼다는 뜻입니다. 포기하지 않고 노력한 것을 알아주세요.

- **패배 칭찬하기** 아이의 축구팀이 경기에서 졌거나, 미술대회에서 수상하지 못했다면 쓰라린 결과를 겁내지 않고 큰 도전에 임한 용기를 인정해주세요. (뒤에 스트레스 관리 습관을 함께 참고하세요.)

- **실패 칭찬하기** 아이의 실패를 축하하세요. 실패는 잘 모르는 것을 알아가는 과정이고, 잘 못하는 것을 배워가는 과정이에요. 실패는 노력의 증거임을 잊지 마세요. 결과가 좋다면 더 어려운 도전과제를 주세요.

- **의지 칭찬하기** 아이가 보드게임에 져서 속상 하거나 화를 내는 것은 잘하고 싶은 마음이 있기 때문이에요. "속상해할 것 없어. 져도 괜찮아"라는 말보다 (당연히 져도 괜찮지만) "잘하고 싶었구나. 좋은 투지다!"를 추천해드려요. 잘하고 싶은 아이의 의지를 인정해주세요.

탁월한 뇌를 만드는 **육아**

탁월함을 키우는 성장 습관

- 슬픔과 고통을 인정하고 받아들일 때 아이는 성장합니다.

- 아이들이 원하는 목표를 달성하기 위해 어떤 고통을 감내할지 스스로 결정할 수 있도록 놔두세요.

- 고통은 무조건 피해야 할 불편함이 아닌 성장에 필수적인 요소로 인식하게 해주세요.

- 과제를 쉽고 빠르게 끝내는 것을 바라지 말고, 어렵지만 끝까지 해냈을 때 더 많이 칭찬해주세요.

3장

행복한 뇌를

만드는

세 가지 습관

01

긍정적인 사고를 키우는
감사 습관

행복한 뇌를 만드는 법은 간단합니다. 삶에 좋은 일이 많으면 됩니다. 우리는 행복한 삶을 살기 위해 많은 노력을 합니다. 나에게 행복을 가져다줄 만한 더 좋은 결과를 내기 위해 많은 노력을 쏟아부으면서요. 하지만 삶은 언제나 내 뜻대로 되지는 않죠. 여기 어떤 상황에서도 더 행복해질 수 있는 아주 간단한 방법이 있습니다. 바로 감사입니다. 수십 년 간의 연구들이 확인했듯이, 지속적으로 자신이 받은 축복을 찾는 사람들은 더 행복하고, 덜 우울합니다. 몸도 더 건강해집니다. 일주일에 한 번씩 감사 일기를 쓴 대학생들은 두통, 울렁거림, 근육통 등의 신체 증상을 덜 느꼈다고 합니다. 심장 질환 환자들 역시 염증 수치가 낮아지는 것을 보였고요. 감사는 관계를 만듭니다. 서로 감사를 자주 표현하는 커플은 더 행복하고 안정적인 관계를 유지합니다. 여기에 감사의 의미를 하나 더 얹어보겠습니다. 감사를 하면 똑똑해집니다.

감사는 지적인 능력이다

감사는 무엇일까요? 감사는 사람의 정서적인 기질입니다. 어떤 사람은 '감사하는 기질'을 타고났고, 남들보다 더 자주 감사합니다. 감사는 감정이기도 합니다. 어떤 사건에 대한 반응으로 느껴지는 것입니다 (예 선물을 받았을 때 느껴지는 마음). 감사는 지적인 능력입니다. 감사는 뇌의 '능력'이기에 똑똑한 뇌가 더 감사할 수 있고, 감사하는 능력을 훈련받은 뇌가 더 똑똑해집니다. 차근히 이유를 들어보시면 고개를 끄덕이게 될 거예요.

감사 분야의 선구적인 과학자인 캘리포니아 주립대학교의 데이비스 로버트 에먼스 교수는 감사는 두 가지 중요한 요소로 이루어져 있다고 했습니다. 하나는 세상에 좋은 것이 있다는 확신입니다. 우리는 우리가 받은 선물과 호의, 혹은 이득이 있다는 확신을 바탕으로 감사할 수 있습니다. 두 번째는 이 좋은 것들이 나 혼자만의 힘으로 이룬 것이 아니라 외부로부터 주어진 유익(benefits)이라는 것을 인식하는 것입니다. 이 두 가지는 모두 지적인 능력입니다. 나에게 일어난 일, 내가 가진 것 중에서 좋은 것을 찾아내고, 그 일이 일어나기 위해 외부에서 나에게 준 도움을 계산하고 평가해야 가능하기 때문이죠.

누군가가 더 많이, 더 자주 감사함을 느끼고 표현한다면, 이는 이 사람이 호의를 많이 받았다는 의미이기도 하지만 이 사람이 감사한 순간을 더 잘 찾을 수 있다는 것을 의미하기도 합니다. 감사가 우리를 행복하고 건강하게 하는 이유는 감사하기 위해 좋은 일을 찾아냈기 때문입니다. 아이들에게 감사하는 법을 가르치고, 더 자주 감사를 느끼고 표현하도록 훈련시키는 것은 아이들이 자신의 삶에서 긍정적인 것을 발견하고 더불어 사는 것의 행복을 느끼도록 뇌를 발달시키는 것입니다.

감사는 훈련해야 하는 능력이다

감사하는 생활에 관심을 가지게 된 것은 미국에 온 이후부터입니다. 사람들이 훨씬 더 쉽게, 그리고 더 자주 'Thank you'라고 인사하는 것이 생소했습니다. 사람들은 식당에서 종업원이 물을 따라주거나, 인도에서 일을 하던 정원사가 일을 멈추고 길을 터주면 자연스럽게 고맙다는 인사를 합니다. 다들 하는 것이니 저도 따라 하게 되었습니다. 그러자 나에게 도움을 주고 호의를 베푸는 사람들이 훨씬 잘 보이게 되었습니다.

감사하다는 말을 듣는 것도 새롭게 경험했습니다. 수업 시간에 질문을 해도 교수님들이 "좋은 질문을 해주어 고맙다"고 인사를 합니다. 일주일 동안 잠을 줄여가며 연구 결과를 분석해 가면 역시 "덕분에 우리 연구가 잘 진행되고 있다. 고맙다"는 인사를 듣습니다. 수고했다, 잘했다는 말은 많이 들어보았어도, 고맙다는 말을 들은 것은 처음이었어요. 학생이 수업을 듣고, 연구자가 연구를 하는 것은 당연한 것인데 대체 왜 고맙다고 하는 걸까, 나는 대체 어떻게 반응해야 하는 걸까 어색하기 그지없었지요.

감사의 표현을 듣다 보니 나의 기여도를 확실히 느끼게 된다는 것을 발견했습니다. 나는 앉아서 수업을 듣는 학생이지만, 질문을 하고 토론에 참여함으로써 수업의 질을 높일 수 있습니다. 나는 이 연구에 참여하는 연구자들 중 한 명으로서 우리의 목표를 달성하는 데에 큰 몫을 하고 있다는 것을 느낄 수 있습니다. 나의 일이 더 값지게 느껴지고, 따라서 더 열심히 할 수 있습니다. 더불어 나와 함께 연구하는 동료들에게도 감사를 느낍니다. 일이 더 행복해집니다.

부모가 된 후로 추수감사절을 앞두고 일주일 동안 저녁마다 아이들과 함께 감사한 것에 대한 대화를 나누게 되었습니다. 처음에는 어색합니다. 내용도 뻔하고요. "우리 가족이 건강해서 감사하다"정도만 생각날 뿐이죠. 물론 감사한 일이긴 하지만요. 감사 대화를 하면 할수록 더 다채롭고 구체적인 감사를 나눌 수 있게 됩니다. 아이들도 어른들도 모두요. 서하가 창밖을 바라보며 "빛이 있어 감사해. 우리가 볼 수 있게 해주잖아. 나무도 크게 해주고"라고 말합니다. 시간의 여유가 없어 배달 음식을 먹는 날에는 유하가 "맛있는 것 시켜주셔서 감사합니다." 하고 인사를 합니다. 큰 깨달음이 찾아왔습니다. 감사는 개발되는 능력이구나.

감사하는 뇌로 키우는 다섯가지 방법

감사하는 뇌는 훈련을 통해 발달합니다. 하지만 무턱대고 아이에게 감사하라고 종용할 수는 없는 노릇이죠. 한 차원 높은 수준의 감사 능력을 위해서는 생각하는 연습이 많이 필요합니다. 온 가족이 함께 감사 대화를 해보세요. 저녁 식사 자리나 자기 전에 하루를 돌아보며 이야기하면 적당합니다. 여섯 가지를 하루에 모두 이야기할 필요는 없어요. 오늘 감사한 일에 적절한 주제를 맞추어 대화하시면 충분합니다.

- 나에게 일어난 좋은 일 발견하기 "어떤 좋은 일이 있었니?" 이 질

문은 바로 감사한 것을 찾기 어려울 때에 유용합니다. 감사하기 위해서는 감사할 만한 사건과 대상을 찾아야 합니다. 아직 아이 스스로 떠올리기 어렵다면 함께 생각해주세요. 놀이터에서 그네를 양보해준 언니가 있었다고 생각해봅시다. "오늘 유하가 놀이터에 갔을 때, 기분 좋은 일이 있었지?" 하고 기억을 떠올리도록 운을 띄워주세요.

- 그 일이 일어나도록 도움을 준 상대 찾기 "유하가 그네를 잘 탈 수 있도록 도와준 사람이 있었니?" 나에게 좋은 일이 일어났다면 그 일이 일어날 수 있도록 도움을 준 사람이 있었는지 생각해봅니다. 언제나 감사의 대상이 사람이어야 하는 것은 아니지만, 감사 기법을 훈련하기 위해서는 사람에 대해 이야기하는 것이 더 도움이 됩니다. 아이가 누리고 있는 것들의 이면에 있는 누군가를 소개해주세요. 우리가 읽고 반납한 도서관 책은 어떻게 제 자리에 다시 찾아갈 수 있을까요? 오늘 급식 시간에 먹은 맛있는 반찬은 누가 만든 것일까요? 당연하게 누리던 것들이 감사한 순간이 될 거예요.

- 내가 얻은 유익의 값어치 인식하기 "언니가 그네를 양보해줘서 유하는 기분이 어땠어?" 감사를 더 잘하기 위해서는 다른 사람의 도움으로 내가 얻은 것이 무엇인지 생각해보는 것이 도움이

됩니다. 내가 얻은 유익은 물질적인 것일 수도 있고, 정신적인 것일 수도 있습니다. 유익을 떠올리기 어렵다면 '만약에' 질문을 통한 사고 실험이 도움이 됩니다. "만약에 언니가 양보를 안 해줬다면 무슨 일이 일어났을까? 유하가 오래 기다려야 했다면 어땠을까?"라고 물어보세요. 그 일이 없었다면 어떤 결과가 있었을지 상상을 통해 실험해보는 거죠. 오늘의 감사가 생각나지 않는 날에도 활용하기 좋아요. 간단한 질문을 던져보세요. 만약에 우리에게 선생님이 없다면? 버스를 운전해주시는 기사님이 없다면? 특정 대상이 없을 때를 상상하면서 감사함을 찾을 수 있을 거예요.

• **상대의 의도와 비용 이해하기** "언니는 어떻게 그네를 양보할 수 있었을까?", "언니도 그네를 빨리 타고 싶지 않았을까?" 나에게 베풀어준 친절에 고마움을 느끼는 것도 충분히 좋지만, 한 단계 더 나아간다면 상대의 마음을 이해하는 것을 시도해볼 수 있습니다. 상대의 생각을 이해하는 것은 어려운 일이에요. 만 3세 이전에는 쉽지 않습니다. 4세부터 아이들은 상대방의 관점과 생각이 나와 다를 수 있음을 이해하고, 어떤 행동 뒤에 숨겨진 의도를 생각할 수 있게 됩니다. 하지만 여전히 오랫동안 연습해야 잘할 수 있어요. 놀이터의 언니는 유하를 위해 즐거움을 기꺼이 포기했다는 사실을 알려주는 거예요. 내가 받은 도움은 누군가

의 노력과 희생을 바탕으로 하고 있다는 사실을 꾸준히 알려주면 아이의 공감 능력과 감사 능력이 함께 성장합니다.

- **감사를 표현하기** 선물을 받았을 때 "감사합니다"라고 인사하는 것은 아주 어린 나이부터 할 수 있습니다. 앞에서 나눈 1~4번의 단계가 없어도 말이죠. 이것은 가장 간단한 감사 표현 방법입니다. 말이 트이는 돌 즈음부터 '감사합니다'라는 말을 가르치고, 말을 하지 못하더라도 꾸벅 인사하는 것을 연습할 수 있죠. 아이가 조금씩 크면 좀 더 다양한 방법으로 감사를 표현하도록 알려주세요. 친밀한 사이에는 포옹을 할 수도 있고, 감사한 마음을 표현한 그림이나 카드를 만들어 선물할 수도 있습니다. 아이가 감사함을 표현할 수 있는 기회를 놓치지 마세요. 스승의 날에 선생님께 카드를 쓸 때에는 정확히 무엇에 감사한지, 다른 선생님들과는 달리 이 선생님께 특별히 감사한 것이 무엇인지 생각하는 시간을 갖도록 해보세요. 친구의 생일에도 마찬가지예요. 이 친구가 있음으로 인해 감사한 점이 있다면 카드에 꼭 적도록 알려주세요. 가장 높은 수준의 감사 표현은 상대방이 기뻐할 만한 방식으로 표현하는 것입니다. 그 사람을 잘 이해하고, 시간을 들여 고민해야 하기 때문이죠. 할머니께서 제일 좋아하는 것은 아이의 그림일까요, 아니면 노래일까요? 선생님은 노란 꽃을 좋아하실까요, 아니면 분홍 꽃을 좋아하실까요?

- **선행 베풀기** 한 차원 높은 감사의 방법은 베푸는 것입니다. 감사를 많이 느끼는 사람은 자원봉사 활동에 더 많이 참여하고, 자원봉사 활동에 더 많이 참여하는 사람은 더 큰 행복과 감사를 느낀다고 합니다. 아이들도 참여할 수 있는 봉사활동이 있다면 꼭 시도해보세요.

감사하는 부모가 감사하는 아이를 키웁니다. 감사를 습관화하고, 우리 집안의 문화로 자리 잡도록 노력하세요. 1년 내내 하는 것이 어렵다면, 연말이나 명절과 같이 특별한 시기라도 집중적으로 훈련해보시길 추천합니다. 아이와 함께 감사 일기를 쓰거나, 감사 나무를 만들어 장식해보세요. 눈에 보이는 기록으로 남기면 아이도 더 즐겁게 참여할 수 있을 거예요.

나무를 그리거나 만들고 하루에 한 가지씩 감사한 일을 나뭇잎에 적은 뒤 붙여보세요. 봄에는 꽃을 붙이고, 가을에는 단풍이 곱게 든 잎을 붙여도 좋아요. 2주~한 달 정도 저녁마다 꾸준히 한다면 감사하는 습관을 만드는 데에 도움이 될 거예요.

 탁월한 뇌를 만드는 육아

삶에 대한 긍정적인 자세를 키우는 감사 습관

- 감사는 일상에서 긍정적인 요소를 더 많이 발견하고
  삶의 질을 높여줘요.

- 감사는 단순한 감정이 아니라 좋은 일들은 인식하고
  원인을 이해하는 지적 과정이랍니다. 연습할수록 더 똑똑한 뇌를
  만들어요.

- 나에게 일어난 좋은 일들을 찾고, 감사한 대상을 생각하는 시간을
  가져요.

- 감사의 표현과 선행을 실천하며 사회성과 이타적인 뇌를
  발달시켜요.

02

마음이 강한 아이로 자라는
스트레스 관리 습관

　미국의 아동심리학자인 미셸 보바 박사는 이제 아이들의 스트레스가 어른들의 스트레스를 상회하게 되었다고 지적합니다. 어린아이들은 마음껏 뛰어놀 기회를 박탈당했으며, 청소년들은 극심한 경쟁 속에 어른들의 말에 좌우되며 사회성과 자율성을 키울 기회를 잃어버렸지요. 그 결과 소아·청소년의 우울과 불안을 높아지고, 점점 더 많은 아이들이 정신과를 찾아갑니다. 그리고 한국 청소년의 사망 원인 1위는 자살(2023년 기준)입니다. 사고나 질병으로 세상을 떠나는 아이들보다 스스로 생을 마감하기를 선택하는 아이들이 더 많다는 이야기입니다. 10대뿐 아니라 20대 자살률 역시 2012년 이후 꾸준히 증가하는 중입니다. 스트레스 관리는 이제 이 생을 끝까지 버티게 하는 능력이 되었습니다.

스트레스란 어려운 상황에서 만들어지는 걱정과 심리적 긴장의 상태로 정의됩니다. 세상에 있는 각종 위험과 도전을 마주했을 때 대응하기 위해 우리가 갖고 있는 자연스러운 반응이지요. 그렇기 때문에 누구나 스트레스를 느낍니다. 스트레스를 얼마나 자주, 얼마나 강하게 느끼는가와 스트레스에 어떻게 대응하는가는 사람마다 모두 다르죠. 약간의 스트레스는 사실 우리에게 도움이 됩니다. 중요한 시험이나 큰 대회를 앞두고 전혀 긴장을 하지 않는다면, 최고의 기량을 발휘하기 어렵습니다. 하지만 스트레스가 너무 높을 때에는 오히려 우리가 잘 '기능'하는 것을 방해하고, 장기적인 스트레스는 몸과 마음의 건강을 해치게 됩니다. 스트레스를 잘 다루는 능력을 배우지 못하면, 갑작스럽게 찾아오는 위기 상황에서 잘 대처하지 못하게 됩니다.

스트레스도 습관이다

스트레스는 습관과 밀접한 관련이 있습니다.

우선, 건강한 생활 습관을 갖는 것은 스트레스를 낮춥니다. 앞에서 언급한 수면, 식사, 디지털 미디어, 시간 조절, 감사에 관한 습관을 잘 관리하면 아이들의 스트레스 레벨을 어느 정도

낮출 수 있습니다.

둘째로 스트레스 상황에 처했을 때 어떤 행동을 할 것인가도 습관화될 수 있습니다. 긴장되면 다리를 떨거나 손톱을 물어뜯는 아이, 내 마음대로 되지 않으면 소리를 지르거나 자기 머리를 때리는 아이, 무서울 때 얼어붙어 아무것도 하지 못하는 아이들은 대개 상황(새로운 곳, 시험, 다른 사람으로부터의 평가 등)의 신호나 내부에서 일어나는 감정 신호로 인해 이 행동들이 촉발되도록 습관화된 것입니다.

아이가 유독 스트레스를 받는 상황이 있다면, 그때 해야 할 행동을 새롭게 학습하거나, 스트레스 상황에서 긴장을 완화하거나 기분을 전환할 수 있는 좋은 행동들을 습관화하면 도움을 줄 수 있습니다.

(주의: 이미 우울증이나 불안 장애를 갖고 있다면 전문가의 개입이 필요합니다. 아이가 심한 스트레스를 받고 있다면 전문가와 꼭 상의해 보세요. 작은 습관은 그다음입니다.)

뇌를 속여 기분을 전환하기

시우는 오늘 수학 시험을 봅니다. 지난 시험 성적이 별로 좋지 않았기 때문에 이번에는 만회해야 한다는 생각이 가득합니다. 하지만 시우에게 수학은 언제나 어려운 과목이었습니다. 자신이 없습니다. 걱정이 꼬리에 꼬리를 물고 이어집니다. 심장이 두근거리고, 손바닥에 땀이 납니다. 아침밥은 소화가 잘 되지 않고, 입술이 마릅니다. 긴장으로 어깨가 움츠러들고, 표정도 경직됩니다. 뇌에서 보내는 '불안'이라는 신호에 따라 교감신경이 흥분하여 위기에 대처할 수 있도록 몸을 준비시킵니다. 이거 뭔가 상황이 영 좋지 않아 보이니, 여차하면 도망가겠다는 뜻이죠.

재미있는 점은 반대로 몸이 뇌에게 신호를 보낼 수도 있다는 거예요. 뇌가 불안하면 심장이 빨리 뛰기도 하지만 심장이 빨리 뛰면 뇌는 "내가 불안한가? 지금 뭔가 위험한 건가?"라고 상황을 재해석합니다. 반대도 마찬가지입니다. 아무리 시험을 코앞에 두고 있더라도 평온한 상태를 연기하면 뇌는 헷갈리기 시작합니다. "걱정해야 되는 거 아닌가? 근데 얘는 왜 이렇게 평온하지? 걱정할 상황이 아닌가 본데?" 하고요. 간단하게 뇌를 속여 기분을 바꾸는 작은 전략들을 체화하면 조금씩 하루를 즐겁게 시작할 수 있게 됩니다.

- **심호흡 하기** 진정을 유도하는 대표적인 방법이죠. 긴장과 불안은 호흡을 빨라지게 합니다. 호흡을 느리게 바꾸면 기분도 안정됩니다. 천천히 숫자를 세며 10회의 심호흡을 합니다. 어린

아이들은 호흡 조절이 어렵습니다. 두 손을 마주 잡고 함께 해주세요. 손을 잡을 필요가 없다면 한 손을 가슴에, 다른 손을 배에 올리고 호흡을 느껴보도록 해주세요. 뱃속에 풍선이 들어 있다고 상상을 하고 숨을 들이마시며 풍선을 채웠다가 천천히 숨을 뱉어 풍선이 쪼그라드는 것을 느끼도록 연습하면, 심호흡을 도울 수 있어요. 실제로 풍선을 불어보면서 갑자기 숨을 빠르게 뱉어버리면 풍선이 푸쉬식- 하고 날아가버린다고 알려주시면 천천히 내쉬는 것을 이해하기 쉽습니다. 초등 이상의 아이들이라면 4초 동안 숨을 들이마시고, 2초 동안 참았다가, 4초(가능하다면 8초까지) 동안 내쉬도록 연습해보세요. 이미 흥분한 상태라면 바로 심호흡을 하기 어려울 수 있어요. 평소에 (예를 들면 학교 가기 전이나 자기 전에) 한 번씩 연습해보세요. 미리 연습해둔 기술은 꺼내어 쓰는 것이 훨씬 쉽습니다. 잘되지 않으면 억지로 강제하지 마세요. 꾸준히 연습하면 터득할 수 있어요.

- **미소 지으며 어깨 펴기** 감정은 표정을 바꾸지만, 표정도 감정을 바꿉니다. 미소는 뇌에서 도파민과 세로토닌을 분비시킵니다. 도파민은 우리를 더 즐겁게 하고, 세로토닌은 우리를 더 편안해지게 합니다. 가짜 미소라고 해도 말이에요. 게다가 미소는 전염성이 있답니다. 아이가 아침에 일어났을 때, 학교에 나설 때에는 꼭 웃으며 인사해주세요. 아이도 함께 웃을 수 있을 거예

요. 아직 가짜 미소를 짓는 것이 어렵다면 재밌는 이야기나 엉덩이를 씰룩이는 춤으로 웃음을 만들어봅시다. 간지럼 공격이나 짧은 잡기 놀이도 효과가 좋지요. 표정뿐만 아니라 자세도 기분에 영향을 미칩니다. 어깨를 펴고 당당한 자세를 취하면 기분이 좋아지고 자신감이 올라간다고 해요. 연구마다 조금씩 결과가 다르긴 하지만, 밑져야 본전 아니겠어요? 일단 어깨를 펴봅시다. 깡총깡총 뛰는 것 역시 에너지 레벨을 높인다고도 하니, 등굣길에는 팔을 크게 흔들며 깡총깡총 뛰어봅시다. 한 손을 주먹 쥐어 위로 치켜들며 뛰어오르는 '수퍼 마리오 뛰기'는 제가 좋아하는 기운 내기 방법이랍니다.

주먹을 위로 올리며 높이 뛰어보세요.
위아래로 콩콩 뛰면 기분이 빠르게 전환된답니다.

• **음악 듣기와 노래 부르기** 음악은 기분을 바꾸는 강력한 힘을 갖고 있습니다. 커피숍에서 들리는 차분한 피아노곡과 헬스장에서 들리는 신명 나는 댄스곡은 그 장소에 있는 사람들의 심박변이도를 바꾸고, 따라서 에너지 레벨을 바꿉니다. 음악 감상에는 해마, 전방대상피질, 측좌핵을 포함하는 변연계의 많은 부분이 관여합니다. 모두 감정을 느끼고, 감정을 조절하는 데에 중요한 부분들입니다. 직접 노래를 부르면 더 좋습니다. 노래 부르기는 엔도르핀을 분비시키기 때문입니다. 엔도르핀은 천연 진통 물질로 고통과 흥분을 줄여주고, 기분을 좋아지게 합니다. 샤워하며 노래 부르는 사람들(shower singers)은 수면 사이클과 면역력도 좋아진다고 하니 꼭 시도해보세요. 혼자 노래를 듣거나 부르는 것도 좋지만, 함께 하면 효과가 배가 됩니다. 음악이나 노래, 구호나 박자치기 등은 동기를 높이고 기분을 고양시키는 효과가 큽니다. 국가, 교가, 응원곡, 응원 구호 등이 그런 역할을 하죠. 아이가 좋아하는 노래를 우리 가족의 응원가로 사용해보세요. 저희 가족은 〈바다 탐험대 옥토넛〉의 주제곡을 주로 사용한답니다.

• **꼭 안아주기** 포옹은 옥시토신을 분비시킵니다. 옥시토신의 효과는 다양하지만 출산과 수유에서 중요한 역할을 하는 호르몬입니다. 출산이 임박하면 옥시토신은 자궁을 수축시키고, 산후

모유 수유를 하는 과정에서 분비되어 젖 먹일 준비를 합니다. 옥시토신은 부모 자녀 간의 애착 형성과 배우자 간의 관계 형성에 중요한 역할을 하는 것으로 알려져 있으며, 스트레스를 낮추고, 불안과 우울을 경감시키기는 효과가 있습니다. 자기 전에 꼭 안아주세요. 아침 등굣길에 꼭 안아주세요. 하루에 두 번, 아침과 밤에 포옹을 하는 것은 아이의 마음을 위해 가장 간단하게 실천할 수 있는 방법입니다.

'두려움 말하기'의 중요성

우리는 겁을 내거나 두려워하는 것은 좋지 않다는 메시지를 받으며 자랍니다. 자주 겁을 내는 아이에게는 소심하다거나 겁쟁이라는 부정적 꼬리표를 붙이지요. 그래서 두려움을 느끼면 그것을 없애고 감추는 데에 집중하게 됩니다. 만약 아이가 새 학년이 되어 새로운 선생님을 만날 것이 무섭다고 말하면 "무섭긴 뭐가 무서워. 하나도 무서워할 것 없어. 왜 쓸데없는 걱정을 하고 그래. 다른 아이들도 다 하는 거야"라고 감정을 축소시킵니다. 이 말을 들으며 자란 아이들은 후에 스스로에게 이렇게 말합니다. 무서워하면 안 돼. 그건 약한 거야.

두려움은 무엇일까요? 두려움이란 위험이나 위협을 인식

했을 때 발생하는 강한 부정적 감정입니다. 여기에는 편도체 (amygdala)라는 뇌의 부위가 중요한 역할을 합니다. 편도체는 외부의 잠재적 위험에 민감하게 반응하고, 자율신경계 중 교감신경계를 흥분시키고 우리 몸이 위협에 맞서거나 도망치도록 준비시킵니다. 긴장감을 높이고 유사시에 대비하는 것이죠. 이 것을 투쟁-도피 반응(fight-or-flight response)이라고 부릅니다. 편도체는 우리의 중요한 보호자입니다. 만약 우리에게 두려움이 없다면 위험한 상황에서 도망칠 줄 모르고, 앞으로의 위험에 대비하지 않아 많은 사고를 겪게 될 거예요. 따라서 아이들에게 필요한 것은 두려움의 의미를 이해하고, 위험을 적절하게 다루는 능력입니다. 두려움을 느끼는 것 자체를 피하는 것이 아니라 말이죠.

부모가 만들어야 할 습관이자, 아이들에게 길러주어야 할 습관은 '두려움 말하기'입니다. 무서운 느낌이 들 때, 그것을 스스로 알아차리고 말로 표현하는 것입니다. 많은 아이들이 이것을 잘 하지 못합니다. 대신에 다른 불편함을 호소하지요. 머리가 아프다던가, 배가 아프다던가, 잠이 오지 않는다는 말을 합니다. 두려움은 교감신경계를 흥분시켜 몸을 긴장시킵니다. 따라서 두려움을 느낄 때는 확연하게 신체적 변화를 경험합니다. 이것을 '신호'로 잘 알아차리는 것이 중요합니다. 아이들이 겁이 날 때 느낄 수 있는 신체 변화는 다음과 같습니다. 다음과 같은 변화를 느낀다면 그것이 두려움이나 무서움인지 이야기를 나누어보세요. 감정을 알아차려야 이해하고 조절할 수 있으니까요.

- 심장이 쿵쿵 뛰어요.
- 숨이 가빠져요. 혹은 숨을 크게 쉬게 돼요.
- 땀이 나요.
- 소름이 끼쳐요. 몸이 떨려요. 추워요.
  (소름을 춥다고 표현하는 아이들이 있어요)
- 몸이 움츠러들고 힘을 주게 돼요.
- 가만히 있기 힘들어요.
  (다리를 떨거나, 손가락을 자꾸 움직이고 손톱을 뜯는 등의 행동)
- 머리가 아파요.
- 배가 아파요.
- 화장실에 가고 싶어요.
- 밥을 먹기 싫어요.
- 토하고 싶어요.
- 잠이 안 와요.
- 무서운 꿈을 꿔요.
- 일어나기 싫어요
- 학교 가기 싫어요.

- 엄마랑 같이 있고 싶어요.

자, 이제 두려움이라는 신호를 알게 되었습니다. 이에 따라오는 타깃 행동은 바로 말하기입니다. 아이가 두려움을 느끼고 있다면 부모와 함께 그것에 대해 이야기합니다. 이야기의 내용이 무엇이든 괜찮지만, 다음과 같은 것들을 공유할 수 있습니다.

- 현재 기분과 상태는 어떠한가?
- 무엇이 두려운가?
- 그 대상 혹은 사건이 왜 두려운가?
- 이 두려움은 합리적인 감정인가?
- 이 문제를 해결하기 위해 내가 할 수 있는 것은 무엇인가?
- 이 문제를 해결하기 위해 받을 수 있는 도움은 무엇인가?

부모와 편안한 분위기에서 대화를 나누는 것만으로도 아이의 긴장 상태를 낮출 수 있고, 입 밖으로 꺼내어 말하기 위해서는 현재의 감정과 생각을 정돈해야 하기 때문에 그 과정에서 아이가 자신의 상태와 외부 상황을 더 잘 이해할 수 있게 됩니다. 마음을 털어놓은 뒤에는 아이 스스로 할 수 있는 해결 방법과 부모님이 권할 수 있는 해결 방법을 나누고, 혹시 아이를 도와줄 수 있는 사람이 없는지 이야기합니다. 긴장이 낮아지거나,

해결책을 찾아내는 것은 보상이 되어 '두려움 말하기' 습관을
강화하게 됩니다.

　마침 지난 주에 발견한 두려움이 있었습니다. 서하의 학급
은 겨울방학의 시작과 함께 출산 휴가를 떠난 담임 선생님을
대신해 새로운 선생님이 오시기로 되어 있었습니다. 개학을 앞
둔 날 저녁 식사를 하는데 서하의 표정이 어둡습니다. "내일부
터 학교에 다시 갈 수 있네. 기분이 어때?"하고 묻자, 친구들
만날 생각에 신이 난 동생과 달리 서하는 "무서워"라고 말합니
다. 새로운 선생님이 오는 것이 무섭다는군요. 그날 밤 자기 전
에 방에서 엄마와 단둘이 이야기를 나눕니다. 새로운 선생님
이 무서운 사람일까 봐 걱정도 된다는 이야기와 함께 그냥 생
각나는 것들을 모두 말합니다. 그중에는 정말 말도 안 되는 생
각들도 있습니다. 아이는 자기 입으로 말하고도 피식 웃습니다.
한참 이야기해보니 출산 휴가를 떠난 선생님에 대한 그리움도
나오고, 학교에 가지 않고 더 많이 놀고 싶다는 마음도 나옵니
다. "우리 반 친구들 중에 그렇게 생각 안 하는 친구가 몇 명이

나 될까?" 아무도 없을 거라고 서하는 낄낄 웃습니다. 대화하는 것만으로도 아이는 기분이 나아졌습니다. 선생님이 어떤 분인지는 내일 만나봐야 아니까, 일단은 푹 자기로 합니다. 다음 날 아침에는 "학교에 가서 좋은 점 하나 발견하기"를 미션으로 내어줍니다. 학교에 다녀온 서하는 기분이 좋아졌습니다. 학교에 가니 친구들과 점심을 먹어서 좋고, 새로운 선생님은 상냥하고 좋은 분이시라고 하네요.

두려움 말하기 습관이 없었을 때에는 아이들이 긴장할 때 배탈이 나거나 이유 없이 짜증을 부리고, 서로 싸우는 일이 더 많았습니다. '두려움이 생겼을 때는 말하고 털어내거나, 논의하며 해결한다'라는 습관의 고리가 형성되자 그런 경우가 확연하게 줄었고, 아이들이 자신의 상태를 더 잘 알게 되면서 감정 조절이 수월해졌어요. 아무리 작은 문제라도 나눌 수 있고, 아무리 큰 문제라도 함께하면 해결할 수 있다고 알려주세요.

거절할 수 있는 용기

간혹 용기는 두려움의 반대말로 여겨집니다. 사전적으로 용기란 '두려움 없이 어려움에 맞서는 것'이라고 하네요. 하지만 다시 생각해보면, 조금 이상합니다. 두려움이 없는데 굳이 용기를 내야 할 필요가 있을까요? 무언가에 도전할 때 겁이 나지 않는다면 오히려 용기는 필요가 없습니다. 그냥 하면 됩니다.

용기는 두려움을 전제로 합니다. 가장 용감한 사람은 무서워하지 않는 사람이 아니라 무서워도 다시 힘을 내는 사람입니다. 물을 무서워하던 아이가 엄마 손을 잡고 수영장에 발끝을 담가보는 것, 작년까지 타지 못하던 미끄럼틀을 올해 도전해보는 것은 용기입니다. 겁이 많은 아이는 가장 용감한 아이가 될 가능성을 갖고 있습니다.

하지만 무서워서 도전을 피할 수도 있죠. '찰리와 초콜릿 공장' 좋아하세요? 저는 책도 영화도 무척 좋아합니다. 영화 '윙카'도 재미있을 것 같아 무척 기대를 하고 있었습니다. 아이들에게 로알드 달의 책도 읽어주고, 영화도 함께 보러 가자고 이야기했습니다. 아이들이 아직 실사 영화는 좋아하지 않기 때문에 예고편을 먼저 보여주었지요. 유하는 "예고편을 보니까 영화가 무서울 것 같아"라며 보지 않겠다고 결정했습니다. 용기가 없었던 걸까요?

아니요. 아이는 자기 자신을 옹호한 것입니다(She stands up for herself.)

유하는 용감하게 영화가 무섭다고 말하고, 함께 보고 싶지 않다며 엄마의 제안을 거절했습니다. 비록 엄마는 영화를 보고 싶어 했지만, 본인은 원하지 않는 영화를 억지로 보지 않기로 결정한 것입니다. 저는 그것도 용기라고 생각해요. 자신을 잘 들여다보고, 스스로를 존중하는 좋은 의사결정입니다. 엄마는 유하랑 같이 보고 싶었는데 아쉽다고 하자 "그럼 내가 더 크면 같이 보자"고 하더라고요.

거절은 용기를 필요로 합니다. 누구에게나 그렇지만 여자아이들에게 더 그렇습니다. 사회는 여자아이들에게 더 순응하기를 기대하고, 더 미소 짓기를 바라며, 목소리를 높이거나 화내는 것을 허락하지 않습니다. 여자아이가 자신의 의견을 강하게 피력하는 것은 '여성스럽지 않다'거나 '드세다'는 말로 깎아 내립니다. 그 결과 여자아이들은 남자아이들보다 자신의 화를 덜 알아차리게 되고, 표현도 덜 하는 습관을 갖게 됩니다.

여기에서 처벌은 실제로 벌을 서는 것이 아니라 행동으로 생겨난 부정적 결과를 의미합니다. 처벌은 보상과 반대로 작용합니다. 행동의 결과로 보상을 얻으면 그 행동이 늘어나듯이, 처벌을 얻으면 행동이 줄어들게 됩니다. 이 과정을 반복하면 여자아이들은 스스로의 부정적 감정을 잘 믿지 못하게 됩니다.

다른 사람의 말에 반대하거나, 나에게 부당한 일이 생겼을 때 화내는 것은 나쁜 것(여성스럽지 못한 것)이며, 다른 사람들로부터 미움을 받는 일이기 때문에 하지 말아야 한다고 학습하기 쉽습니다. 물론 남자아이들에게도 일어날 수 있는 일이지요.

아이들에게 나의 마음은 나의 것이며, 스스로 나를 지킬 권리가 있음을 알려주세요. 불편한 것은 거절하고, 부당한 일에는 소리를 높여도 된다고 알려주세요. 아이는 자신의 경계를 뚜렷이 알고 행동할 수 있습니다. 이것을 알려주기 위해서는 가정에서 아이들의 의견을 들어주어야 합니다.

아이의 말을 모두 다 받아들이라는 의미는 아닙니다. 부모는 아이의 안전과 건강을 책임지는 의사결정을 해야 합니다. 아이에게 이를 닦게 하고, 약을 먹어야 할 때를 알려줘야 하고, 위험한 곳에 가지 않도록 가르쳐야 합니다. 하지만 아이의 의견도 중요하지요. 아이가 좋아하는 것과 싫어하는 것을 분명히 말할 때 그것을 버릇없다고 보거나 부모의 권위에 도전하는 것으로 보지 말고, 아이의 의견에 귀 기울여보세요. 아이의 말을 들어줄 수 없더라도 용감하게 의견을 말한 것을 긍정적으로 생각해주세요. 그것만으로도 충분한 보상이 됩니다. 이렇게 말해봅시다.

"의견을 내줘서 고마워. 덕분에 몰랐던 것을 알게 되었네."

"너의 생각 잘 들었어. 네가 싫다면 하지 않을게."

"네가 싫다는 것은 잘 알겠어. 하지만 이건 꼭 해야 하는 일이야. 어떻게 해결하면 좋을지 같이 생각해보자."

결국 영화 〈웡카〉는 보러 가지 못했습니다. 다음에 유하가 보고 싶다는 날이 오면 함께 보려고 기다리는 중입니다.

탁월한 뇌를 만드는 **육아**

튼튼한 마음을 키우는 스트레스 관리 습관

- 건강한 생활 습관은 스트레스를 줄여줘요.
  (규칙적 수면, 균형 잡힌 식사, 적절한 미디어 사용은 기본 중의 기본!)

- 심호흡, 미소 짓기, 음악 듣기와 같은 작은 습관으로 긴장을 완화하는 법을 배워요.

- 꼭 안아주고 애정을 표현해주세요. 부모의 사랑은 아이의 긴장과 스트레스를 낮추는 특효약이에요.

- 자신의 두려움과 불안을 말로 표현하는 습관을 길러요.

03

자신을 믿고
해내는 습관

우리는 앞서 '백번 말해도 아이가 바뀌지 않는 세 가지 이유'를 얘기할 때 아이에게 약속받는 것이 의미없다고 이야기했습니다. 대개의 약속은 행동이나 결과를 두고 이야기합니다.

"내일부터 아침에 일찍 일어나자."

"숙제는 매일 빠지지 말고 해야 해."

"짜증 내지 말고 이야기해야지."

이러한 약속들은 대부분 실패합니다. 지금까지 행동해온 것과 반하는 약속이기에 지킬 능력이 아직 없기 때문입니다. 그렇다면 모든 약속은 의미가 없는 것일까요?

우리는 나아질 것을 약속하면 됩니다.

《아주 작은 습관의 힘》으로 돌아가보겠습니다. 저자인 제임스 클리어는 야구 선수였습니다. 하지만 운동장에서 친구가 놓친 야구 방망이에 머리를 맞아 부상을 당하게 되었죠. 1군에서 2군으로, 2군에서 후보로 밀리며 큰 좌절을 겪습니다. 하지만 대학에 입학한 후로 수면, 정리 정돈, 운동 등의 습관을 하나씩 체화하며 ESPN 전미 대학 대표선수로 대학을 마치게 됩니다. 그는 어린 시절 꿈꾸던 수준의 야구 선수가 되지는 못했습니다. 프로 선수로 산 것도 아니고요. 대신에 습관을 키워 삶을 일으킨 경험을 토대로 글을 쓰기 시작했고, 사람들에게 희망을 주는 세계적인 작가이자 습관 전문가가 되었습니다.

자신을 믿기 위해 습관이 필요하다

습관은 아이가 나 자신을 믿을 수 있는지를 결정합니다. 행동이 습관이 되면 아이의 일부가 됩니다. 같은 행동을 반복적으로 하면 조금씩 뇌가 좋은 방향으로 달라지면서 이전보다 나은 사람이 됩니다. 몰랐던 것을 알게 되고, 어려웠던 것이 쉬워지고, 두려웠던 것이 편안해집니다. 이 경험이 아이를 다시 배우게 만듭니다. 이 과정을 경험하면 아이는 자신이 변할 수 있다는 것을 믿을 수 있게 됩니다. 이것이 습관의 마법입니다.

늦잠을 자던 아이의 작은 노력이 점점 쌓여 어느 날 더 이상 지각하지 않는 사람이 된다면 아이는 자부심을 갖게 됩니다. 나는 성실한 사람이라는 믿음과 더불어, 나는 노력할 수 있고, 그를 통해 변화할 수 있는 사람이라는 자신감을 얻게 됩니다.

어쩌면 아이가 처음에 목표한 것을 다 완수하지 못할지도 모릅니다. 아니, 아마도 그럴 것입니다. 며칠 잘 일어나는가 싶더니 또 지각을 할 수도 있지요. 이 정도는 약과입니다. 원하는 대학에 불합격할 수도 있고, 꿈꾸던 야구 선수가 되지 못할 수도 있습니다. 그렇기 때문에 삶을 변화시킬 수 있다는 믿음이 더욱 중요합니다. 이 믿음이 아이를 좌절에서 구해줍니다.

너는 스스로 해내는 아이야

대학에 합격하지 못해도, 야구 선수가 되지 못해도, 나는 내일 더 나은 사람이 될 수 있다는 믿음을 갖게 해주세요. 이 책에 담은 모든 내용은 이것을 위한 것입니다. 내 몸을 아끼고 잘 돌보는 습관, 스스로 생각하고 배우는 습관, 실패해도 도전하고 고통을 감내하는 습관, 주어진 것에 감사하고 힘든 것을 이겨내는 습관. 이것은 모두 우리를 어제보다 더 좋은 사람으로 만들어줍니다. 습관 중에 가장 좋은 습관은 노력하는 습관입니다.

스스로 해내는 아이의 비밀.

그것은 내가 변할 수 있다는 사실을 아는 것입니다.

 탁월한 뇌를 만드는 육아

자신을 믿고 노력하는 습관(습관의 마법)

- 습관은 단순한 행동 반복이 아니라 아이들이 자기 자신을
  발견하고 자신감을 키우는 과정이에요.

- 습관은 실패와 좌절에도 굴하지 않고 계속해서 도전할 수 있는
  내면의 힘을 만들어줘요.

- 작은 성공들이 쌓여 아이를 어제보다 나은 사람으로 성장하게
  만드는 것이 습관의 마법이랍니다.

불완전한 습관의
아름다움

'내가 습관에 관한 책을 써도 되는 걸까?'

이 책을 쓰는 내내 머릿속에 떠오른 생각입니다. 저는 인생의 대부분을 습관이 엉망진창인 채로 살았습니다. 학창 시절에는 수업 시간에 집중하지 않고 자기 일쑤였고, 준비물은 늘 안 가져가거나 가져갔다가도 집에 오는 길에 잃어버렸습니다. 수업 시간에 잤으니, 필기는 늘 시험 기간에 닥쳐 친구의 노트를 빌려 베꼈고요. 벼락치기 공부 습관에서 벗어난 것은 대략 고등학교 2학년 때입니다. 물론 대학에 들어가고 다시 벼락치기 인생이 시작되었지만요. 20대에는 술을 많이 마셨고, 운동 같은 것은 하지 않았습니다. 성인인 주제에 엄마가 깨워야 일어나 수업에 갔고요. 빨래를 곱게 개켜 방 문 앞에 놔주어도 가지고 들어가지 않았습니다. 눈에 안 보이더라고요. 지금은 세탁기를 돌려놓고는 잊어버려서 온종일 세탁기에 젖은 빨래가 들어 있기 일쑤라 빨래는 남편의 몫이 되었습니다.

부모로서의 저도 마찬가지입니다. 누군가는 자녀들이 완벽하게 생활 습관이 잡혀 있기 때문에 그 노하우를 나누려고 육아서를 쓰기도 하지만, 저는 전혀 그렇지 않습니다. 저희 아이들은 좋은 습관도 있지만 그렇지 않은 부분도 많습니다. 아이들을 탓할 수도 없는 것이 제가 잘 가르치지 못해서 그렇습니다. 방을 깨끗이 치우는 습관을 길러주려면 제가 먼저 노력을 해야 하는데, 제 책상 위에 책들이 족히 스무 권은 어지럽게 쌓여있으니 할 말이 없습니다.

그런데 말이죠. 그렇게 엉망진창인데도 여기까지 살아남은 것 역시 습관의 힘입니다.

현재는 밤늦게까지 스마트폰을 들여다보거나 일을 하던 습관을 없애고 밤 11시에는 잠이 듭니다. 커피를 마시면 잠이 잘 오지 않는데도 마시고 후회하길 여러 해 반복했지만 이제는 아침 식사 직후에만 커피를 마십니다. 오후의 커피 유혹은 느끼지 못한 지 오래입니다. 재택근무를 할 때 점심을 라면으로 때우기 일쑤였지만 요즘은 샐러드를 먹습니다. 기분이 꽤나 괜찮습니다.

아침 9시에는 책상에 앉습니다. 월요일 아침에는 일주일 업무 계획을 세우고, 화요일, 목요일 아침에는 글을 씁니다. 이 글을 쓰는 지금도 오전입니다. 오후에는 아이들의 학교 생활에 대한 이야기를 듣고, 밤에는 잘 자라고 인사해주는 데에 정성을 들입니다. 밤에 일이 있는 경우에는 자고 있는 아이들에게 가서 인사를 합니다. 어지간해서는 빼먹지 않습니다. 이 정도면 그럭저럭 나쁘지 않은 것 같습니다.

아직도 제 자신이 대단히 건강하고 성실한 삶을 살고 있다고 생각하진 않습니다. 하지만 지난 10년 동안 꾸준히 발전했다고는 할 수 있어요. 덜 엉망인 사람이 되기 위해 조금씩 습관을 바꾸어나가면서 나이를 먹는 거죠. 인생에 큰 결점들이 없었다면, 그래서 고민하지 않았다면 이런 책을 쓰지 않았을지도 모르겠습니다. 그러니까 이 책은 완벽한 제 모습이나 완벽한 제 아이들에게서 나온 책이 아니라, 불완전하고 모자랄지라도 어제보다 나은 모습이 된 모든 가족들의 도전기입니다.

우리는 이 책에 나온 것들을 전부 실천할 수 없을지도 모릅니다. 퇴근이 늦어 아이와 마주 앉아 책을 읽고 대화할 시간이 없을 수도 있고, 과정을 칭찬하려고 마음은 먹었지만 "방금 가르쳐줬는데 왜 또 틀렸어!" 하고 날 선 목소리가 나올 수도 있겠지요. 그럴 때 필요한 것은 위로와 믿음입니다.

서하는 물건을 자주 잃어버리고, 해야 할 일도 잘 잊습니다.

빨래를 늘 잊는 엄마라 할 말이 없어 "엄마도 잘 그래"라고 합니다. 어느 날 저녁에 이렇게 말하더라고요.

But that's why we are special, right?
(하지만 그래서 우리는 특별한 거지?)

우리는 네가 완전하지 않은 것처럼 나도 완전하지 않다고 서로 위로해야 합니다. 그리고 불완전한 너처럼 불완전한 내가 아름답다는 것을 믿어야 합니다. 우리의 특이한 성미나 말투, 깜빡깜빡 잊어버리는 습관, 갖가지 결점은 우리를 특별하게 만들어줍니다. 이것이 아름다움의 본질이고, 삶에 풍부함을 더해줍니다. 가수의 숨소리가 노래를 더 애절하게 만들고, 거친 붓자국이 유화를 더 아름답게 만들 듯이요.

습관 만들기의 여정은 우리를 우리가 아닌 전혀 다른 사람으로 태어나게 해주는 것이 아닙니다. 나의 모습을 조금씩 가꾸어가면서 더 나은 방향으로 나아가는 여정입니다. 나와 자녀를 있는 그대로 받아들이는 것, 그리고 완벽함보다는 성장을 중요시하는 태도. 이 두 가지로 내일 더 아름다운 하루를 살 수 있길 응원합니다.

스스로 해내는 아이의 비밀
© 김보경 2024

1판 1쇄	2024년 6월 20일
1판 4쇄	2024년 10월 29일

지은이	김보경
펴낸이	전은주
편집	도은선
디자인	이강효 김희서
마케팅	이보민 양혜림 손아영

펴낸곳	(주)제이포럼
출판등록	출판등록 2021년 6월 30일 (제2021-000006호)
주소	03832 경기도 과천시 별양로 164 711동 2303호(부림동)
전자우편	jforum1@gmail.com
전화번호	02-6949-0025
인스타그램	@jforum_official

ISBN	979-11-987104-4-4 13590